零起步"玩转"

Mind+创客教程

基于Arduino平台

占正奎　占杨◎编著

U0198015

清华大学出版社

北 京

内 容 简 介

本书由26节课组成，通过课程中的45个案例，讲解如何用Mind+对Arduino硬件进行编程，使学生学会应用Arduino传感器来感知环境，如通过控制灯光、电动机和其他硬件来反馈、影响环境，搭建出创客作品。书中所使用的Arduino硬件全部是大众化的元器件，没有采用二次开发的套装，因此适合学校开展普惠式创客教育。

书中所有案例均来源于课堂教学实践，并按照每节课45分钟的时间进行编排，非常适合作为中小学生学习Arduino的入门与提高课本，也可为创客爱好者的创作、创新提供一定的参考。

图书在版编目(CIP)数据

零起步玩转 Mind+ 创客教程：基于 Arduino 平台 / 占正奎，占杨编著 . —北京：清华大学出版社，2020.6 （2022.1 重印）

ISBN 978-7-302-55341-0

Ⅰ.①零… Ⅱ.①占…②占… Ⅲ.①单片微型计算机—程序设计—教材 Ⅳ.① TP368.1

中国版本图书馆 CIP 数据核字（2020）第 062732 号

责任编辑：袁金敏
封面设计：刘新新
版式设计：方加青
责任校对：胡伟民
责任印制：沈　露

出版发行：清华大学出版社
网　　　址：http://www.tup.com.cn，http://www.wqbook.com
地　　　址：北京清华大学学研大厦 A 座　　　　　　邮　　编：100084
社 总 机：010-62770175　　　　　　　　　　　　　邮　　购：010-62786544
投稿与读者服务：010-62776969，c-service@tup.tsinghua.edu.cn
质 量 反 馈：010-62772015，zhiliang@tup.tsinghua.edu.cn
印 装 者：北京博海升彩色印刷有限公司
经　　销：全国新华书店
开　　本：180mm×210mm　　　　　印　　张：8.5　　　　字　　数：220 千字
版　　次：2020 年 7 月第 1 版　　　　印　　次：2022 年 1 月第 3 次印刷
定　　价：59.80 元

产品编号：087767-01

前 言

　　2015年1月，李克强总理到深圳考察柴火创客空间，使"创客"一词红遍了大江南北，因此这一年也被称为中国的"创客"元年。经过近5年的推进和发展，中小学创客教育已进入了爆发期，几乎所有的学校都已经或即将在课堂教学中实施创客教育。

　　现在，面对人工智能的飞速发展，中小学实施创客教育时，在教材、师资、教学模式、实施策略等方面都存在一系列的困惑和难题。

　　困惑和难题不能成为我们畏缩的理由，而应是我们教育人勇于探索、紧跟时代发展，为社会培养具有创新素养人才的动力。在没有统一教材、模式的情况下，作为学校和教师，都不能"等、靠、要"，这是责任，也是担当。

　　笔者所在的湖北省荆门市海慧中学是一所初级中学，是"湖北省数字校园示范校"项目建设学校，近年来，对全体学生开展的创客教育一直在持续推进，师资和创客课程建设保证了学校课堂化的普惠性创客教育常态化开展。笔者作为学校综合实践活动教研组负责人，经常和本组成员一起，针对创客教育在课堂上的实施，不断探索并取得了一些成绩，学生信息素养和创新能力明显提升，其中部分学生参加了国家、省、市相关活动，在活动中表现突出。近两年我校都有学生在全国学生信息素养提升实践活动（原全国中小学电脑制作活动）创意智造项目现场决赛中获国家级奖项，特别是2019年，1人获全国一等奖，1人获全国三等奖。学生参与这些活动，不仅开阔了自己的视野，也提升了学校知名度。省、市创客教师实操培训会多次在我校举行，到我校交流考察的教师络绎不绝，低成本普惠性创客教育俨然成了我校一张靓丽的名片。

　　通过几年的实践，笔者逐渐认识到使用"Arduino开源硬件"+"Mind+图形化编程软件"来实施中小学普惠式创客教育是非常好的选择。

由于笔者所在学校办学经费紧张，无法采购价格较贵的创客教育套装来实施面向全体学生的普惠式课堂化教学，所以我们的教学器材都是采用价廉物美的原版Arduino硬件。对于软件，通过对比实践，笔者认为由上海智位机器人科技股份有限公司（DFRobot）基于Scratch 3.0开发的Mind+软件特别适合中小学创客教育课堂化教学。首先，Mind+软件完美支持Arduino开发板，硬件的驱动能一次安装完成；其次，Mind+软件使用图形化积木式编程，学生在使用时直接拖动语句块就可以轻松编程；第三，免费的Mind+软件能不断地完善和升级新功能，它的1.6.0以后的版本能支持AI人像识别、语音识别等功能的编程和实验。读者可关注"蘑菇云创造"公众号获取更多创客信息。

书中的案例都来源于课堂教学实践，不仅讲解软、硬件相关知识点，更多的是对学生创新理念的培养。笔者相信，课程中的任务驱动、探究拓展等教学模式可大幅提升学生的创新素养。每节课都是按45分钟来设计，内容安排体现了从易到难，循序渐进，符合中小学生的接受能力。

本书针对零基础的读者，做到了软、硬件相结合，注重培养学生的动手操作能力。书中的每一个案例都来源于日常生活，可激发学生动手、动脑的欲望。学生从模仿开始，动手实践，知识的积累便在不知不觉中完成。有了知识和技能的积累，就能完成案例中的拓展内容，学生的创新能力自然会逐步提升。

希望读到此书的创客教师，特别是学校没有经费购买昂贵的成套创客教育器材的教师，在课堂上，能因陋就简地应用免费的Mind+软件和价廉物美的Arduino硬件，真正地实施普惠式创客教育。一份付出，一定会有一份收获！

同时，希望读到此书的中小学生，能充分发挥自己的想象力，在课外用Arduino硬件做出好看、好玩、好用的作品，并与同伴、老师、家人分享。假以时日，创新就可能帮你解决日常生活中的一些问题，也许下一个创客大咖就是你！

最后，要感谢清华大学出版社的大力支持。希望本书的出版发行，对中小学开展普惠式创客教育有所促进，这，也是我的梦想。

目　录

第1课

让Mind+精灵动起来

1.1　预备知识——Mind+软件……………………………………1

1.2　引导实践——让Mind+精灵动起来……………………5

1.3　深度探究——设计"小猫自由行"动画……………………7

1.4　课后练习……………………………………………10

第2课

猫咪走迷宫

2.1　预备知识——Mind+舞台的大小和坐标规则…………11

2.2　引导实践——用键盘控制猫咪的运动……………12

2.3　深度探究——设计猫咪走迷宫游戏………………………14

2.4　课后练习……………………………………………17

第3课

打地鼠

3.1　预备知识——用Mind+的绘图功能绘制角色…………18

3.2　引导实践——设计打地鼠游戏………………………20

3.3　深度探究——给打地鼠游戏添加限时和记分功能………23

3.4　课后练习……………………………………………25

第4课

体验Arduino软硬件的融合

4.1　预备知识——Arduino介绍 ………………………26

4.2　引导实践——在Mind+中运行第一个Arduino软硬件结合程序………………………………………………28

4.3　深度探究——脱机运行Arduino与用Mind+学习文本代码编程………………………………………………34

4.4　课后练习……………………………………………35

零起步玩转 Mind+ 创客教程——基于 Arduino 平台

第5课
闪烁的LED

5.1　预备知识——器材讲解……………………………………36
5.2　引导实践——设计闪烁的LED……………………………38
5.3　深度探究——用LED模拟交通信号灯……………………41
5.4　课后练习……………………………………………………43

第6课
用按钮控制LED

6.1　预备知识——Arduino按钮开关介绍……………………44
6.2　引导实践——用按钮控制LED……………………………44
6.3　深度探究——设计延时LED………………………………47
6.4　课后练习……………………………………………………48

第7课
会"呼吸"的LED

7.1　预备知识——数字电路的基本知识………………………50
7.2　引导实践——设计会"呼吸"的LED………………………51
7.3　深度探究——调整会"呼吸"LED亮度变化的快慢……54
7.4　课后练习……………………………………………………55

第8课
**无级调节LED的
亮度**

8.1　预备知识——传感器与电位器……………………………56
8.2　引导实践——设计能无级调节亮度的LED………………57
8.3　深度探究——用电位器无级调节LED亮度………………60
8.4　课后练习……………………………………………………61

第9课
**虚实交互的房间
调光灯**

9.1　预备知识——了解虚实交互………………………………62
9.2　引导实践——设计能用电位器调节舞台上房间亮度的虚
　　　实交互系统…………………………………………………63
9.3　深度探究——用舞台上的按钮调节LED的亮度………67
9.4　课后练习……………………………………………………70

第10课
光控LED

10.1 预备知识——光敏传感器与Mind+串口监视器········ 71
10.2 引导实践——设计光控LED ····························· 73
10.3 深度探究——用光敏传感器和LED制作光线强弱
报警装置 ··· 76
10.4 课后练习 ··· 77

第11课
LED的创意设计

11.1 预备知识——声音传感器与超声波传感器············· 78
11.2 引导实践——文物保护装置与声光控楼道灯········· 79
11.3 课后练习 ··· 84

第12课
用LCD和OLED
显示信息

12.1 预备知识——认识IIC LCD1602液晶显示屏········· 85
12.2 引导实践——在显示屏上显示文字··················· 86
12.3 深度探究——用IIC LCD1602液晶显示屏显示变量·· 90
12.4 课后练习 ··· 93

第13课
转动风扇

13.1 预备知识——认识电动机····························· 95
13.2 引导实践——用L298N电机驱动器使130型电动机
风扇转起来 ··· 96
13.3 深度探究——通过调整参数来改变风扇的转动方式··· 98
13.4 课后练习 ··· 99

第14课
调挡风扇

14.1 预备知识——家用调挡风扇··························· 100
14.2 引导实践——用3个按钮开关做调挡风扇············· 101
14.3 深度探究——用1个按钮开关做调挡风扇············· 103
14.4 课后练习 ··· 105

第15课
温控风扇

15.1 预备知识——认识LM35DZ温度传感器 …………… 106

15.2 引导实践——设计温控风扇 …………………………… 106

15.3 深度探究——设计随气温高低自动调整转速的风扇· 109

15.4 课后练习 ……………………………………………… 110

第16课
用按钮控制舵机

16.1 预备知识——认识舵机 ……………………………… 111

16.2 引导实践——用按钮开关使舵机转动到设定的角度·· 112

16.3 深度探究——用按钮开关控制舵机在0° ～180°

循环转动 …………………………………………… 114

16.4 课后练习 ……………………………………………… 116

第17课
风扇的创意设计

17.1 预备知识——摇头无级调速风扇创意设计思路 ……… 117

17.2 引导实践——设计用电位器无级调节转速的风扇···· 118

17.3 深度探究——设计摇头无级调速风扇 ……………… 120

17.4 课后练习 ……………………………………………… 121

第18课
小车自由行

18.1 预备知识——认识小车 ……………………………… 122

18.2 引导实践——组装小车 ……………………………… 124

18.3 深度探究——小车能前后左右自由行走 …………… 126

18.4 课后练习 ……………………………………………… 127

第19课
遥控小车

19.1 预备知识——红外遥控器套件和杜邦线 …………… 128

19.2 引导实践——获取红外遥控器发射的编码 ………… 129

19.3 深度探究——用遥控器控制小车的运动 …………… 131

19.4 课后练习 ……………………………………………… 134

第20课
避障小车

20.1 预备知识——超声波传感器在生活中的应用·········· 135

20.2 引导实践——用超声波传感器做避障小车············ 136

20.3 深度探究——用舵机和超声波传感器做扫描避障
小车·· 138

20.4 课后练习·································· 141

第21课
巡线小车

21.1 预备知识——认识灰度传感器······················ 142

21.2 引导实践——检测灰度传感器······················ 143

21.3 深度探究——用灰度传感器做巡线小车············ 144

21.4 课后练习·································· 147

第22课
物联网入门

22.1 预备知识——认识物联网模块及接口·············· 148

22.2 引导实践——用手机控制LED的亮和灭 ············ 150

22.3 深度探究——通过物联网实现手机远程监控温度和
控制报警LED ······························· 155

22.4 课后练习·································· 158

第23课
人脸识别

23.1 预备知识——了解人脸识别······················ 159

23.2 引导实践——人脸识别，判断是不是小娜············ 160

23.3 深度探究——人脸识别，判断是不是外人·········· 166

23.4 课后练习·································· 167

第24课
**校车人数控制系
统的制作（一）**

24.1 预备知识——创客作品的设计过程·················· 168

24.2 引导实践——设计校车人数控制系统·················· 169

24.3 课后练习·································· 172

第25课

校车人数控制系统的制作（二）

25.1 预备知识——创客制作器材介绍 ······················· 173

25.2 引导实践——制作校车模型 ······················· 176

25.3 课后练习 ······················· 180

第26课

赛场竞技

26.1 预备知识——创客竞赛活动介绍 ······················· 181

26.2 教学实践——参赛介绍 ······················· 182

附录

配套器材

第 *1* 课　让Mind+精灵动起来

学习目标

＊ 会安装Mind+软件，熟悉Mind+的主界面。

＊ 能用Mind+使小猫自由行走。

1.1　预备知识——Mind+软件

1. Mind+介绍

　　Mind+是基于Scratch 3.0开发的一款适合青少年使用的图形化编程软件。Scratch是由美国麻省理工学院设计开发的图形化编程工具，用户可免费使用。Scratch图标和功能如图1-1所示，用户可以用Scratch创建和分享他们的互动故事、游戏和动画。Scratch自推出以来，已经有来自世界各地的青少年编写并共享了超过1500万个Scratch项目，使开发者体验到了轻松编程的快乐。

图1-1　Scratch的徽标和功能

　　目前Scratch的最新版本是3.0，相比之前的版本，Scratch 3.0增加了一些编程模块，提供了更多的扩展插件，可以使动态作品更为精致。

　　Mind+是由上海智位机器人科技股份有限公司（DFRobot）基于Scratch 3.0开发的青少年编程软件，用户可免费使用。

2. Mind+的特点

目前，在中小学创客教育中，使用的开源硬件主要是基于Arduino、micro:bit、ESP32开发的相关产品，如图1-2所示。Mind+支持这三个开源硬件平台，并完美地将这三个硬件平台与Scratch软件进行了融合，使其拥有一致的使用体验。

图1-2　Mind+支持的开源硬件平台

Mind+采用图形积木式编程，其编程方式如图1-3所示，拖动图形化语句块即可进行编程，让用户轻松体验编程的乐趣。在Mind+中，还可以使用Python等高级语言编程。

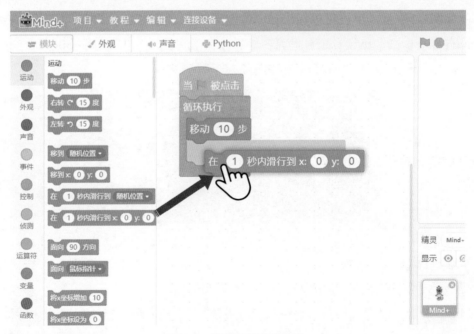

图1-3　用鼠标拖动语句块

3. Mind+的安装

登录Mind+官方网站（www.mindplus.cc），下载Windows版Mind+客户端安装程序，之后双击可运行安装程序，选择"中文（简体）"，如图1-4所示，然后单击OK按钮，弹出图1-5所示的安装界面。

图1-4 选择中文版进行安装

图1-5 安装界面

4. Mind+主界面

Mind+安装完成后，会在桌面上生成一个快捷方式图标█，直接双击就会运行Mind+。默认的模式为"实时模式"，其主界面如图1-6所示，由菜单栏、模块区、编程区、舞台区、角色区、背景区等组成。

图1-6 "实时模式"下Mind+的主界面

（1）菜单栏。

菜单栏是用来设置软件的区域，这里就相当于"舞台"的幕后。

"项目"菜单可以新建、打开和保存项目。

"教程"菜单里可以找到想要的教程和示例程序，学习过程中还可以通过官方论坛寻求帮助，或者分享自己的作品。

"编辑"菜单可以打开和关闭"加速模式"，还可以恢复被删除的角色。

"连接设备"菜单能检测到连接的设备，并且可以选择连接或是断开设备。

"实时模式""上传模式"按钮切换程序执行的模式，"实时模式"是将编程区可执行的程序在硬件和Mind+舞台中实时执行，"上传模式"是将程序上传到硬件设备中执行。

（2）模块区。

模块区可以理解为"道具"区，为了完成各种动作，需要不同的道具组合。在"扩展"模块里，可以选择额外的道具，如各种传感器、显示和通信设备等硬件的控制模块。

（3）编程区。

这里就是"舞台表演"的核心，所有的"表演"都会按照"编程区"的命令行动，拖曳模块区的语句块到这里就能编写程序。

（4）角色区。

在这里用户可以选择或绘制自己需要的角色。

（5）背景区。

在这里用户可以选择或绘制舞台背景。

（6）舞台区。

舞台区就是角色们"表演"的地方，所有的"表演"都是按照"编程区"的命令行动的。

1.2 引导实践——让Mind+精灵动起来

Mind+舞台上默认有一个静止的，叫Mind+精灵，我们可以通过编写程序使它在舞台上动起来。

1. 设置背景

单击图1-7背景区的"背景库"按钮，可打开如图1-8所示的背景库，从背景库中选择"蓝天"背景。

图1-7 "背景库"按钮

图1-8 背景库

背景设定好后，就会出现如图1-9所示的背景编辑窗口，可以在此基础上修改背景，舞台区的背景会同步改变。从左边背景微缩图中可看到原白色背景为1号，现背景为2号，当前选择的是2号。在舞台上可用鼠标指针将Mind+精灵移到舞台左下方的路面上。

5

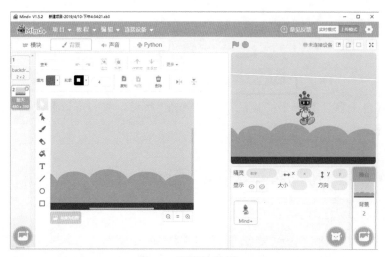

图1-9 背景编辑窗口

2. 编写程序

本例是使Mind+精灵动起来，首先选择角色区的Mind+精灵，单击"模块"按钮，会关闭背景编辑窗口，出现编程区；单击"事件"展开"事件"模块组，就会出现"事件"相关的语句块，语句块的颜色与"事件"标志色相同；将语句块 被点击 拖放到编程区，如图1-10所示。

然后，展开"动作"模块组，将 移动 10 步 拖放到编程区串接在 当 被点击 下，如图1-11所示。若发现程序编写错了，可将错的语句块拖回到模块区，这样就将其删除了。

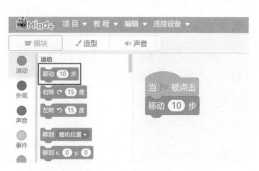

图1-10 将语句块拖放到编程区　　　　图1-11 串接语句块

3. 运行程序

程序写完后，单击舞台左上方的"运行"图标 🚩，如图1-12所示，就可在舞台上看到Mind+精灵向右移动一下后停止，不单击 🚩 不移动。可单击舞台右上方的舞台全屏按钮 ⣿ 全屏观看。

4. 保存程序

执行"项目"菜单中的"保存项目"命令将此程序保存到电脑上，如图1-13所示。

图1-12　运行程序

图1-13　保存程序

命名为"01"后，会在标题栏显示文件名称，如 🎬 Mind+ V1.6.2 RC1.0　01.sb3 。

1.3　深度探究——设计"小猫自由行"动画

1.2节的"让Mind+精灵动起来"程序中，只有不断地单击"运行"图标 🚩，Mind+精灵才能运动。本例中，我们把角色换为猫咪，当单击"运行"图标时，猫咪出现在一个随机位置，然后在舞台上由左向右走，当碰到舞台右边缘时就转身向左走，当碰到舞台左边缘时再转身向右走，不断循环。

1. 设置背景

单击"背景库"按钮，从背景库的"室内"类型中选择"女巫小屋"，如图1-14所示，这个背景会覆盖刚才选择的"蓝天"背景。

图1-14　选择背景

2. 更换角色

单击角色区的"角色库"按钮，可打开"角色库"，如图1-15所示。

从角色库的"动物"类型中选择"猫咪"，在舞台上就会出现猫咪，如图1-16所示。这时舞台上有了两个角色，如图1-17所示。

图1-15　"角色库"按钮

图1-16　角色库

单击角色区Mind+精灵图标右上方的"关闭"按钮❌将其删除，这时舞台上就只剩下猫咪了。

选定角色区的猫咪，再单击菜单栏下面的"外观"按钮，打开外观编辑窗口，如图1-18所示，可以看到猫咪有两个造型。用程序控制这两个造型，不断切换，就能实现猫咪走路的动画效果。

图1-17 舞台上的两个角色　　　　　　图1-18 猫咪的两个造型

3. 编写程序

本例只需给猫咪编写程序来控制它的运动，写好的程序如图1-19所示。

上面的程序中使用了循环语句，循环语句在"控制"模块中，如图1-20所示。这个模块中还有条件判断语句。

 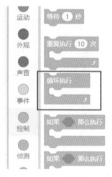

图1-19 猫咪的程序　　　　　　图1-20 选择循环执行语句

程序中的 下一个造型 语句在"外观"模块中，如图1-21所示，通过这条语句可模拟出猫咪走路的动作。

程序中的四条蓝色语句都在"运动"模块中，如图1-22所示。"运动"模块中的语句很多，通过组合编写能精确地控制角色的运动。

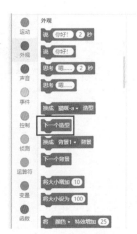

图1-21 "外观"模块中的语句

图1-22 "运动"模块中的语句

4. 调试修改

　　程序编写完成后，需要调试修改。本例中，通过语句 移动 10 步 和 等待 0.1 秒 来控制猫咪的运动，意思是走10步后等待0.1秒，可通过修改步数和等待时间，使猫咪的运动更完美。

1.4 课后练习

　　用Mind+设计出图1-23中的鹦鹉自由飞效果的动画。当单击"运行"图标时，鹦鹉出现在一个随机位置，在天空中自由飞翔，当碰到舞台右边缘时就转身向左飞，当碰到舞台左边缘时则转身向右飞，不断循环。

图1-23 鹦鹉自由飞

第2课 猫咪走迷宫

学习目标

∗ 理解Mind+舞台的大小和角色位置相对于舞台的坐标值。

∗ 会用键盘控制角色的运动。

∗ 学会构建条件判断语句结构。

2.1 预备知识——Mind+舞台的大小和坐标规则

用户只有理解了Mind+中舞台大小及坐标规则，才能控制角色在舞台上的位置及移动情况。Mind+整个舞台的大小为480×360，坐标如图2-1所示。舞台的中心坐标是（0，0），水平方向为X轴，垂直方向为Y轴；中心点往右是X轴（+），中心点往左是X轴（-）；中心点往上是Y轴（+），中心点往下是Y轴（-）。从图中可以看出，鹦鹉的位置在中心点（0，0），在舞台下方会显示该角色的位置、大小、方向等信息，这些信息在程序的运行过程中会不断地变化，是实时显示的。

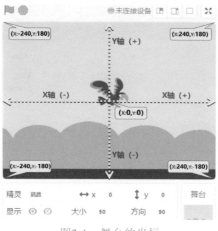

图2-1 舞台的坐标

11

2.2 引导实践——用键盘控制猫咪的运动

本例要实现的效果是：用键盘上的上、下、左、右键控制猫咪向相应方向运动。

1. 背景和角色外观设置

在实时模式下，执行"项目"菜单下"新建项目"命令，新建一个Mind+文档，默认的舞台背景为白色，角色为Mind+精灵，我们要换掉背景和角色。单击背景区的"背景库"按钮打开背景库，从中选择"足球场2"作为舞台背景；然后单击角色区的"角色库"按钮打开角色库，从中选择"猫咪"作为角色，删除舞台上的Mind+精灵，完成后的设置如图2-2所示。

图2-2　背景和角色外观

2. 编写程序

程序的编写思路是：当单击"运行"按钮🏳时，猫咪回到起点即舞台的中心；当按键盘上的向上键（↑）时，y值+5；当按向下键（↓）时，y值-5；当按向右键

（→）时，x值+5；当按向左键（←）时，x值-5。

（1）定义键盘的上、下、左、右键的动作。

①往上：当按下向上键时，猫咪向上走5步；

②往下：当按下向下键时，猫咪向下走5步；

③往左：当按下向左键时，猫咪向左走5步；

④往右：当按下向右键时，猫咪向右走5步。

（2）给猫咪写程序。

选定角色区的猫咪，从图2-2中可以看到，舞台下方有猫咪的位置信息（x:0，y:0），即舞台的中心。

在模块区展开"事件"模块组，将语句 当 被点击 拖放到编程区，在"动作"模块组选择语句 移动到 x: 0 y: 0 ，将其拖放到 当 被点击 下面连接好。

再将"事件"模块组中的 当按下 空格 键 语句拖放到编程区，单击"空格"选项旁的三角形按钮，选择"上箭头"，语句变成 当按下 上箭头 键 ；从"动作"模块组选择语句 将y坐标增加 10 将其拖放到 当按下 上箭头 键 下面连接好，将增加的坐标值改为5。控制上箭头的程序就这两句，其他三个方向键的操作与此相似，在编程区按上面的方法再写三个语句组，改变一下箭头方向和增加的坐标值就可以了。

完整的程序由五个独立的语句组组成，如图2-3所示。

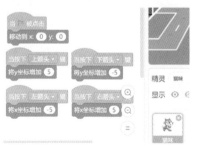

图2-3　写好的程序

3. 调试与修改

程序运行后，能实现用键盘控制猫咪运动的效果，但我们看到猫咪只是移动而没有走动的效果，可以用第1课介绍的方法实现猫咪走动的效果。完善后的程序如图2-4所示。

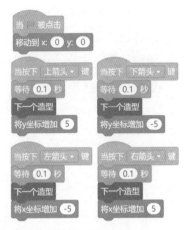

图2-4　修改后猫咪的程序

2.3　深度探究——设计猫咪走迷宫游戏

猫咪走迷宫游戏要达到的效果是：用按键控制猫咪从起点出发，沿设定的路线走，若走到路线外，则自动返回起点，若走到终点，则成功完成游戏。

1. 绘制迷宫

新建一个项目，默认的背景是白色，角色是Mind+精灵，这两个都要换。先按前面的方法把角色换成猫咪后再绘制迷宫。

将鼠标指针移到"背景库"按钮上（不单击），展开背景工具条，选择"画笔"工具，如图2-5所示。

单击"画笔"工具，打开背景绘制窗口，绘制的迷宫线路如图2-6所示，起点是用圆形工具画的绿色正圆，终点是黑色正圆，线路是用画笔工具画的宽度为100的红色曲线。

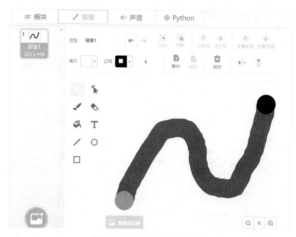

图2-5 画笔工具 图2-6 绘制迷宫线路

2. **确定猫咪大小和起点、终点位置**

迷宫绘制完成后，单击界面左上方的"模块"按钮回到程序设计窗口。单击角色区的猫咪，在舞台上将猫咪拖到起点处，将其大小改为25（缩小到原图的1/4），如图2-7所示，记住起点位置（x:-189，y:-142），再将猫咪拖放到终点，记住终点位置（x:205，y:120）。

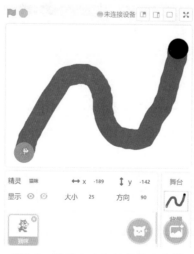

图2-7 猫咪大小和起点终点位置

3. 编写程序

给猫咪编写的程序如图2-8所示，整个程序由两部分组成：

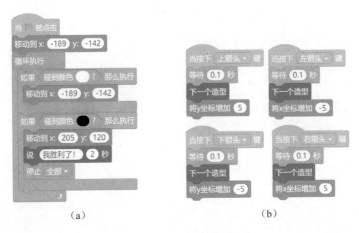

（a）　　　　　　　　　　　　　　　（b）

图2-8　猫咪的程序

（1）图2-8（b）中的四个独立的程序块的作用是用键盘上的上、下、左、右键来控制猫咪的运动。

（2）图2-8（a）中的程序块是整个程序的核心，它构建了一个完整的条件判断结构，使这个游戏能完美地运行。下面我们从上至下来分析各语句的作用及编写方法。

第一、二行语句的效果是：当单击"运行"按钮时开始执行程序，将猫咪置于（x:-189，y:-142），即起点处。

下面的循环执行语句框中镶嵌了两个单分支条件判断语句框，作用是：当猫咪碰到白色时（走到红色道路外），就表明失败，重新回到起点；当猫咪碰到黑色时，就成功了，程序停止，如图2-9所示。

图2-9　猫咪成功到达终点

循环语句和条件判断语句框都在"控制"模块中，如图2-10所示。

程序中条件判断语句的条件一个是碰到白色，一个是碰到黑色，用到了如图2-11所示的"侦测"模块中的颜色判断语句 碰到颜色 ？ ，将其拖到 如果　那么执行 的条件框中，然后将颜色分别改成白色、黑色。

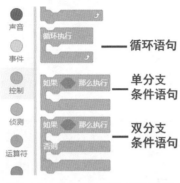 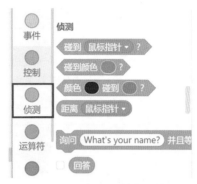

图2-10 "控制"模块中的语句　　　　图2-11 "侦测"模块中的语句

4. 调试与修改

程序编写完成后，需要调试和修改。本例中，可通过修改每次按键后猫咪走的步数及等待的时间，使猫咪的运动更完美。

2.4 课后练习

Mind+"侦测"模块中有如图2-12所示的计时语句，可以应用到猫咪走迷宫游戏中，限定一个完成游戏的时间，如10秒。若在限定的时间内完不成，则重新开始。

图2-12 "侦测"模块中的计时语句

要完成计时版猫咪走迷宫游戏，在循环执行框中要增加一条条件判断语句，条件为 `计时器 < 10` ，其中的数据判断语句是从"运算符"模块中找到的。请你为猫咪走迷宫游戏增加时间限制。

第3课 打地鼠

学习目标

* 会用程序控制多个角色的交互运动。
* 会使用变量来记录变化的数据。
* 能编写出打地鼠游戏程序。

3.1 预备知识——用Mind+的绘图功能绘制角色

在第2课中我们已经用绘图功能简单地画出了迷宫背景，体会了Mind+的绘图功能。用好这个功能，可以帮助我们制作出生动的角色和背景。这一课我们来学习绘制打地鼠的锤子。

新建一个项目，默认的背景是白色，角色是Mind+精灵，在角色区选择Mind+精灵并删除，此时就没有角色了。

将鼠标指针移到"角色库"按钮上（不单击），执行"画笔"命令，如图3-1所示。

执行"画笔"命令后，会打开图3-2所示的角色绘制窗口。

图3-1 画笔工具

图3-2 角色绘制窗口

18

　　Mind+的绘图功能强大，提供的绘图工具有画笔、直线、矩形、圆形、文字、线条和填充颜色等，线条宽度可以任意设定，此外还有用来修改线条、形状的变形工具。图3-3所示就是用变形工具将圆形修改成了心形。

　　下面来绘制锤子。用矩形工具绘制锤头和锤柄，通过旋转一定的角度组合成图3-4中的锤子造型。

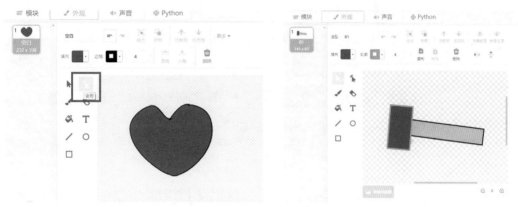

图3-3　用变形工具修改的图形　　　　图3-4　第一个锤子造型

　　为了制作出锤子动态效果，还需绘制锤子的第二个造型。在图3-4中左上角"01"锤子造型微缩图单击鼠标右键，执行快捷菜单中的"复制"命令，就会在锤子造型下方出现第二个造型，与第一个一模一样。将第二个造型的整个锤子向下、向左稍微移动一点距离，并在下方用画笔工具画点火花状图形，如图3-5所示。这样绘制后，当用程序控制锤子在这两个造型间切换时就会产生锤子锤东西的动画效果。

　　锤子绘制完成后，可以将其导出作为素材，方便调用。在角色区的锤子上单击右键打开快捷菜单，执行最下面的"导出"命令，弹出保存地址对话框，然后保存锤子就行了，如图3-6所示。

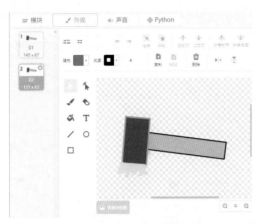

图3-5　第二个锤子造型　　　　　图3-6　导出角色的方法与步骤

最后，不保存这个项目，直接关闭Mind+程序。

3.2　引导实践——设计打地鼠游戏

打地鼠游戏要实现的效果是：桌面上总共有三只地鼠，位置固定，各自随机间断显示和隐藏；锤子随鼠标指针移动，当锤子碰到地鼠时单击，锤子切换到第二个造型，并且有打到地鼠的声音提示；打到地鼠后，地鼠消失。

1. **背景和角色外观设置**

运行Mind+，执行"项目"菜单下"新建项目"命令，新建一个Mind+文档，默认的舞台背景为白色，角色为Mind+精灵。我们要换掉背景和角色。

（1）绘制背景。

将鼠标指针移到背景区中"背景库"按钮上，执行菜单中的"画笔"命令，打开背景绘制窗口，利用画笔工具绘制图3-7中的背景图。

（2）从电脑中上传角色。

选定角色区的Mind+精灵，将其删除。将鼠标指针移到"角色库"按钮上，执行菜单中的"上传"命令，将前面绘制的锤子导入，如图3-8所示。

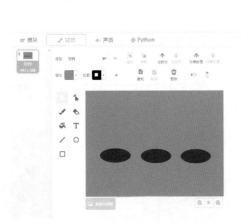

图3-7　绘制的背景

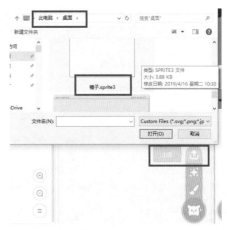

图3-8　从电脑中上传角色

导入后，锤子就出现在舞台上，如图3-9所示。

（3）从角色库中选择地鼠。

单击"角色库"按钮打开角色库，从里面选择"老鼠"，然后在角色区复制2个，从左至右分别为老鼠、老鼠2、老鼠3，如图3-10所示。这样加上锤子，舞台上就有4个角色了。

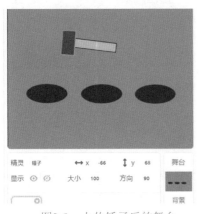

图3-9　上传锤子后的舞台

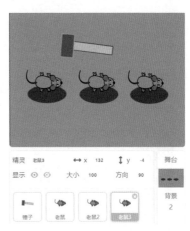

图3-10　舞台上的全部角色

2. 编写程序

舞台上有四个角色，每个角色都应有相应程序来控制其运动。其中三只地鼠随机显示或隐藏，程序是一样的，所以，只需编写控制锤子和地鼠的两个程序就行了。

（1）给锤子写程序。

锤子在整个游戏中的运动情况有两种，一是跟随鼠标移动，即位置坐标与鼠标指针一样；二是当碰到地鼠并单击时，把造型切换成第二个。图3-11所示为锤子的程序。

程序中循环执行框中的第一条语句的作用是使锤子始终位于最前面，不会被鼠标指针挡住；第二条语句的作用是使锤子造型处于初始状态；第三条语句的作用是使锤子的坐标与鼠标指针的一样，x、y的值由"侦测"而来，是不断变化的数值，此语句在"侦测"模块中；第4条语句的作用是当锤子碰到地鼠并单击时，把锤子的造型切换成第二个。

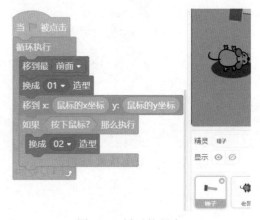

图3-11　锤子的程序

（2）给地鼠写程序。

地鼠有两种运动情况，一是未碰到锤子时随机显示或隐藏；二是碰到锤子并在游戏者按下鼠标时被动隐藏。图3-12所示是为左边第一只地鼠编写的程序。

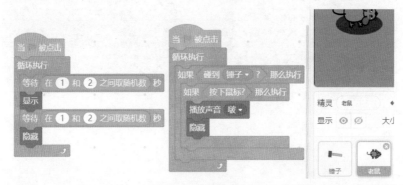

图3-12　地鼠的程序

左边程序块的作用是使地鼠随机显示或隐藏，其中的 等待 在 ① 到 ② 间取随机数 秒 由"控制"模块中的语句 等待 ① 秒 和"运算符"模块中的语句 在 ① 到 ⑩ 间取随机数 组合而成，从而把固定值变成了随机值。

中间的程序块的作用是当地鼠碰到锤子并且鼠标按下这两个条件都满足时才隐藏并发出声音。这就是多个事件同时发生时才会触发另一个事件的情况，一般在编写程序时使用条件判断语句镶嵌条件判断语句来实现。

（3）调试与修改程序。

程序运行后，就能用鼠标玩打地鼠游戏了。可以根据实际情况调整角色的大小、形状，也可更改地鼠显示和隐藏的时间，从而改变游戏的难度。

3.3 深度探究——给打地鼠游戏添加限时和记分功能

前面我们已经制作出了打地鼠游戏，虽然能正常运行，但是没有时间限制和分数统计功能，还不完美。下面为程序增加时间限制和记分功能，来统计在规定的时间内游戏者打了多少只地鼠、得了多少分。

1. 新建变量来记分

变量，字面理解就是变化的量。在Mind+中，可以用变量来表示各种变化的量，如数值的大小、时间的长短、温度的高低等。变量能使程序灵活多变，变量的使用也是我们学习编程的重点。

在打地鼠程序中，单击"变量"模块中的"新建变量"按钮，新建一个名为"fenshu"的变量，于是就会在"变量"模块中出现有关变量"fenshu"的语句，如图3-13所示。

其中语句 变量 fenshu 前有一个复选框，若选择，则会在舞台上显示变量"fenshu"的图形，如图3-14所示。

图3-13　变量"fenshu"的相关语句　　　图3-14　变量"fenshu"的图形化显示

2. 应用Mind+自带的计时器

Mind+提供了以秒为单位的计时器，计时器语句在"侦测"模块中，如图3-15所示。

在  语句前有一个复选框，若选择，也会在舞台上显示计时器图形，如图3-16所示。

图3-15　"侦测"模块中的计时器语句　　　图3-16　计时器的图形化显示

3. 添加程序

（1）给锤子程序添加语句。

选择角色区的锤子，打开它上面的程序，从"变量"模块中将语句 设置 fenshu▾ 的值为 0 拖放到 当 被点击 的下面，从"侦测"模块中将 计时器归零 也拖放到下面，这两条语句的作用是将计时和分数初始化为0。再在循环执行语句框中增加一个条件判断语句框，其中的条件 计时器 > 10 是由"侦测"模块中的 计时器 和"运算符"中的 ○ > 100 组合而成，把数据100改成10。图3-17是修改后的锤子程序。

（2）给地鼠程序添加语句。

从"变量"模块中将语句 将 fenshu▾ 增加 1 拖放到条件执行语句框中，其中的数据表示当锤子击中地鼠时加的分数，可修改。图3-18为完成后的地鼠程序。

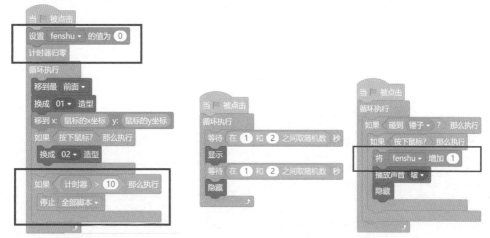

图3-17　修改后的锤子程序　　　　图3-18　修改后的地鼠程序

4. 调试修改

程序编写完成后，要进行调试与修改。图3-19
为程序运行时的效果。本例中，可通过修改限制时
间、分数值使游戏更完美。

图3-19　程序运行效果

3.4　课后练习

上面做的限时记分打地鼠游戏已经很好玩了，但能不能做得更好呢？比如能不能
将地鼠由固定在一个地方出现变为在舞台的任意位置出现，这样玩的难度就加大了，
是不是更有趣了？请你试试看能否完成这个任务。

第4课 体验Arduino软硬件的融合

学习目标

✳ 了解Arduino，认识Arduino UNO板。

✳ 会在Mind+中安装Arduino UNO板的驱动程序。

✳ 体验在Mind+中使用程序来控制硬件。

器材准备

Arduino UNO板、USB数据线、4节5号电池及电池盒。

4.1 预备知识——Arduino介绍

1. Arduino基础知识

Arduino诞生于意大利依夫雷亚交互设计学院，马西莫·班兹（Massimo Banzi）教授和他的团队开发了一个简单易用的电路板及其开发工具。他们以常去的一家酒吧名字"di Re Arduino"来命名了这个产品。团队做了五年后，公司却面临倒闭。班兹教授不愿意Arduino就此结束，于是，他决定把Arduino向公众开源，并将硬件售价做得更便宜。没想到，开源之后，Arduino迅速传播开来，成为主流的开源硬件平台之一。通过硬件开源，Arduino创造了一个前所未有的开源共享社区，目前，其官方记录的全球用户数量超过2600万。在海外，当人们提到创客和硬件创新的时候，就会想起Arduino。

Arduino是一个能够用来感应和控制现实物理世界的开源电子原型平台，它包括基于单片机并且开放源码的硬件平台Arduino板和软件Arduino IDE。

图4-1所示为一套基本的Arduino硬件系统。我们可以把Arduino想象成一台计算机，运算控制器是这台计算机的主机，负责数据处理运算和协调各个设备；有接收操作的输入设备，如传感器等；有展示或执行命令的输出设备，如LED、蜂鸣器、电动

机等。这些元件组合在一起，就形成了一个微型的智能硬件系统。

图4-1 Arduino硬件系统组成

2. 认识Arduino UNO板

Arduino是一种便捷、灵活、容易上手的硬件开发平台，它有多种形式的Arduino控制电路板。图4-2中的Arduino UNO板是Arduino开发的入门级产品，具有价格低廉、功能实用、操作简单的特性。Arduino UNO板上有一些常见的标准接口，例如USB接口、电源接口，以及一些数字电路输入/输出接口和模拟电路输入/输出接口等。这些接口能方便地将各种输入和输出硬件组合在一起，搭建出自己的创新作品。

图4-2 Arduino UNO板

4.2 引导实践——在Mind+中运行第一个 Arduino软硬件结合程序

1. 安装Arduino UNO板驱动程序

本例要用到的主要文件有：1块Arduino UNO板、1根USB数据线。

（1）连接Arduino UNO板与电脑。

用USB数据线将电脑与Arduino UNO板连接起来，板上指示灯亮表示连接成功，如图4-3所示。

（2）安装Arduino UNO板驱动程序。

在Mind+中安装Arduino UNO板驱动程序的步骤很简单，首先单击菜单栏中的"连接设备"打开其菜单，执行"打开设备管理器"命令，如图4-4所示。

图4-3 连接Arduino UNO板与电脑　　　图4-4 "连接设备"的菜单

从图4-5中的设备管理器中可看到连接在电脑USB接口上的Arduino UNO板没有驱动，需要安装驱动程序。

图4-5　Arduino UNO板没有驱动

将Mind+切换成"上传模式"，如图4-6所示。

图4-6　切换成"上传模式"

然后，执行"连接设备"菜单中的"一键安装串口驱动"命令，就会把涉及Arduino UNO板的所有驱动都一次安装成功，如图4-7所示。

安装完成后，在"连接设备"菜单中就会出现连接上的Arduino UNO板的串口名，单击此名称后，这个串口名就会替换"连接设备"这几个字，如图4-8所示。

图4-7　安装驱动　　　　图4-8　电脑与Arduino UNO板连接成功

打开设备管理器，我们看到Arduino UNO板的驱动程序已经安装好了，如图4-9所示。

图4-9　驱动程序已安装

2. 开启Mind+之旅

（1）熟悉Mind+上传模式主界面。

要进行Arduino编程，可以利用Arduino配套的文本式编程软件Arduino IDE，图4-10为Arduino IDE主界面。

图4-10　Arduino IDE主界面

对于中小学生来说，用Arduino IDE进行程序编写可能有一定难度，若用积木式、图形化的Mind+来编写，就容易得多。图4-11为Mind+上传模式主界面。

图4-11 Mind+上传模式主界面

Mind+上传模式主界面大致分为5个区域，分别是模块区、编程区、代码区、菜单栏和串口监视器，左下方还有一个重要的硬件扩展按钮。

由于Mind+上传模式是用程序来控制硬件，所以先要选择硬件。单击界面左下方的"扩展"按钮，打开硬件扩展窗口，可通过单击硬件分类名称打开相应窗口，从而选择要用的硬件。我们打开"主控板"窗口，如图4-12所示。

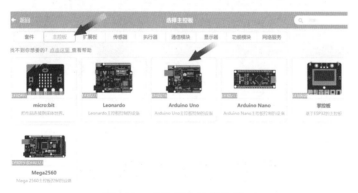

图4-12 "选择主控板"窗口

选择Arduino UNO板后，单击返回按钮，就会在Mind+主界面模块区出现"Arduino"模块及其语句，如图4-13所示。编程区也自动出现了一个程序框架，编写的程序一般要放置在这个框架中。

图4-13　包含"Arduino"模块的Mind+主界面

（2）运行第一个程序。

Mind+为Arduino UNO板准备了9个示例程序，我们可直接运行。执行菜单栏"教程"中的"示例程序"命令，打开示例程序目录，如图4-14所示，选择第一个"闪烁"。

图4-14　Mind+的示例程序

返回后马上就会在编程区显示图形化程序内容，如图4-15所示。

接着右键单击 [⬆上传到设备] 左边的按钮[⬆]，可打开如图4-16所示的编译/上传菜单。

图4-15　示例"闪烁"的图形化程序

图4-16　编译/上传菜单

选择执行"编译后上传"命令，就会出现编译上传的过程，在下方的串口监视器中将显示编译上传数据，如图4-17所示。

若上传不成功，就说明程序错误，要修改。当显示上传成功后，可看到Arduino UNO板上的、连接在13号引脚的LED（指示灯）在不停地闪烁，如图4-18所示。

图4-17　编译上传的过程

图4-18　连接在13号引脚的LED在闪烁

4.3 深度探究——脱机运行Arduino与用Mind+ 学习文本代码编程

1. 脱机运行Arduino

将程序上传到Arduino UNO板上后，会保存在板上的内存中，断电后程序也不会消失。若要使其脱离计算机运行，可以外接电源，软硬件会正常工作，如图4-19所示。

图4-19 外接电源的Arduino UNO板

2. 用Mind+学习文本代码编程

Mind+在正常情况下，只能使用图形化编程区来编写程序，"自动生成"区只是把图形化的程序转化成代码显示出来，这里的代码不能修改。

可以单击代码区的"手动编辑"进入到代码编写模式，如图4-20所示。

图4-20 代码编写模式

在手动编辑模式下，可以修改和编写代码，但图形化编程区的内容不会变化，也就是说图形化程序可转化成代码，而代码不能转化成图形化程序。所以，除非你想使用代码来编写全部程序，否则还是建议不要直接修改代码。

Mind+这种图形和代码可同步编译显示的特点，为我们学习编程提供了方便。在图形化编程的过程中，只要你经常有意地查看相应代码的写法，无形中，你的代码编写水平也会不断地提高。当用Arduino IDE以文本方式编写代码遇到难点，不会写时，可以在Mind+中先用图形化方式编程，再查看代码，复制到Arduino IDE中去。

4.4　课后练习

提取Mind+中的示例"闪烁"的代码，打开Arduino IDE，对这段代码进行编译并上传到Arduino UNO板上，看是否能实现同样的运行效果。

第5课 闪烁的LED

学习目标

✳ 了解Arduino UNO板的数字和模拟接口。

✳ 学会用面包板、杜邦线搭建简单的数字电路。

✳ 会用Mind+设计出闪烁的LED。

器材准备

Arduino UNO板、USB数据线、LED、面包板、200Ω定值电阻、杜邦线。

5.1 预备知识——器材讲解

1. 认识Arduino UNO板的接口

Arduino UNO板的接口包含14个数字引脚、6个模拟输入引脚、USB接口、电源供电插孔等，如图5-1所示。引脚的复用功能提供了更多的选项，例如驱动电动机、LED、读取传感器等。

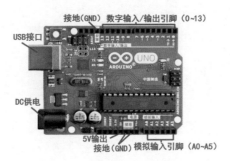

图5-1　Arduino UNO板

引脚0～13用作数字输入/输出接口，其中，引脚13与板载的LED连接，引脚3、5、6、9、10、11可用于模拟输出。Arduino UNO板有模数转换功能，通过6个模拟输入引脚（A0～A5）来输入模拟信息。

2. 认识LED

生活中处处都有LED,手机、电视机等常用电器都用其作指示灯,照明也常用到LED,LED可以将电能转化为光能。LED具有单向导通的特性,即只允许电流从正极流向负极,所以使用时注意正负极不要接反,如图5-2所示。

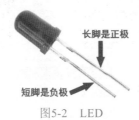

图5-2 LED

3. 认识电阻

电阻表示导体对电流阻碍作用的大小,是一个物理量,单位是欧(欧姆,单位符号为Ω)。导体的电阻越大,表示导体对电流的阻碍作用越大,如200Ω对电流的阻碍作用小于400Ω。常用的实物电阻也是一种元件,专门用来减小电路中的电流,保护其他元件。在Arduino中,一般要给LED串接(串联)一个200Ω的电阻,以免电流过大将LED烧毁,如图5-3所示。

图5-3 串联了电阻的LED

4. 认识面包板

面包板是专为电子电路的无焊接实验设计制造的,有很多小插孔,如图5-4所示。各种电子元器件可根据需要随时插入或拔出,不用焊接,节省了电路的组装时间,而且元件可以重复使用，非常适合电子电路的调试、训练和组装。

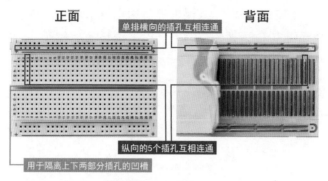

图5-4　面包板

　　面包板内部镶嵌有金属条，在板上对应位置打孔使得电子元件的针脚插入孔中时能够与金属条接触，从而达到导电目的。一般将每5个孔用一条金属条连接。板子上、下各有两排插孔，也是5个一组，这两组插孔是用于给板子上的元件提供电源的。板子中间有一条凹槽，在做集成电路、芯片试验时会用到。

5. **认识杜邦线**

　　杜邦线可以非常牢靠地与插针（孔）连接，无须焊接，即可快速进行电路试验。杜邦线分为公对公线、母对母线、公对母线三种，如图5-5所示。

图5-5　杜邦线

　　用面包板进行电路连接时要用到杜邦线，同样，Arduino UNO板的连接和引脚扩展也要用到杜邦线。

5.2　引导实践——设计闪烁的LED

　　闪烁LED要达到的效果是：LED亮1秒后熄灭，1秒后又亮，再1秒后又熄灭，循环执行。

1. 连接电路

本例要用到的主要元件有：1块Arduino UNO板、1个LED、1个200Ω定值电阻、1块面包板。

先将LED正负极针脚张开到一定的角度，注意长的是正极，如图5-6所示，插入面包板紧邻凹槽、靠中间的插孔中。然后将LED负极插在与正极空两列后同一排的插孔中，200Ω定值电阻一端插到LED负极这一列中，另一端插在空三列后的插孔中。再用公对公杜邦线连接Arduino UNO板上的GND引脚与电阻左端所在这一列下方三个插孔中的任一个，即将LED的负极连接到GND引脚。最后将LED正极接在Arduino UNO板的数字引脚12上（0、1两个引脚是专用的通信引脚，不要用，其他的引脚都可以接）。

图5-6 LED与Arduino UNO板的电路连接

2. 编写程序

（1）点亮LED。

将连接好的Arduino UNO板用USB数据线与电脑相连，运行Mind+，切换到"上传模式"，执行"项目"菜单中的"新建项目"命令来新建一个文件。在"连接设备"中选择Arduino UNO板的串口号，这样就使Mind+与Arduino UNO板连接上了。此时我们可以看到模块区只有"控制""运算符""变量""函数"四个模块，没有"Arduino"模块，可通过下方的"扩展"按钮将Arduino UNO主控板找出来，这样就会在模块区出现"Arduino"模块及其控制语句，编程区也出现了程序框架，如图5-7所示。

零起步玩转Mind+创客教程——基于Arduino平台

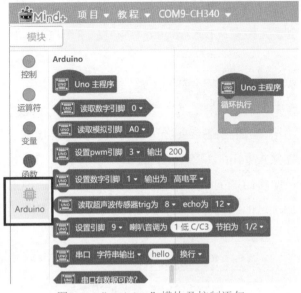

图5-7 "Arduino"模块及控制语句

在"Arduino"模块中将 设置数字引脚 1 输出为 高电平 语句拖放到编程区循环执行语句框中，将引脚号改为12（因为连接时接的是12号引脚），如图5-8所示。若语句编写错了，可将错的语句块再拖到模块区，就将其删除了；在语句块上单击鼠标右键打开快捷菜单，执行菜单中的"删除"命令也能删除语句。

图5-8 点亮LED的程序

该语句右边的选项"高电平"表示电路连通，有电流通过，此时LED就会亮。也可以选"低电平"，不过这时LED就不亮了。

程序编写好后，就可以编译上传了。上传前要检查Arduino UNO板是否与电脑正确连接。确认无误后，单击"上传到设备"，就可将程序上传到Arduino UNO板，上传进度条达到100%或串口监视器显示"Thank you."，就表示程序没有语法错误，上传成功。这时,我们可以看到LED亮了。若不成功,就要检查、修改程序。

（2）闪烁的LED。

要达到让LED闪烁的效果,只需在上面程序的基础上添加几条语句就行了。

将模块区"控制"模块中的 等待①秒 语句拖放到编程区循环执行框第一条语句下方,它会自动吸附上去,组合成顺序结构的程序。这一语句的作用是保持LED亮1秒。

下面,我们学习使用复制方式快捷地编写程序的方法。首先在语句块 设置数字引脚 1▼ 输出为 高电平▼ 上单击右键打开快捷菜单,如图5-9所示。

执行"复制"命令可同时复制本句及下面的语句,将复制的语句拖到循环执行框的第三行,将"高电平"改为"低电平"。这样,整个程序就编写完了,如图5-10所示。

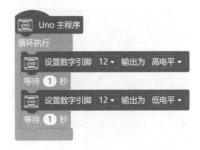

图5-9 程序语句块的复制　　图5-10 闪烁LED的程序

将程序上传到设备,成功后就能看到闪烁LED的效果了。

5.3 深度探究——用LED模拟交通信号灯

路口交通信号灯一般由红、绿、黄色灯各一个组成。

用LED模拟交通信号灯要达到的效果是:红灯亮10秒后熄灭,接着黄灯闪烁3秒后熄灭,接着绿灯亮10秒后熄灭,接着黄灯闪烁3秒后熄灭,按这个顺序重复进行,两个灯不能同时亮。

1. 连接电路

本例要用到的主要元件有：1块Arduino UNO板、1块面包板、1个红色LED、1个绿色LED、1个黄色LED、2个200Ω定值电阻、2根公对公杜邦线。

为了简洁明了地展示电路连接的方法，本书中绝大部分电路连接图将不用实物连接，而用彩色线条来代表杜邦线进行连接。

如本例中，在面包板上接线时，要使每个LED的负极接在Arduino UNO板的GND引脚，我们可用公对公杜邦线在面包板上做跳线，将三个LED的负极连在一起，然后用一根公对公杜邦线将负极与Arduino UNO板上的GND引脚相连；红色LED正极接数字引脚8，黄色LED正极接数字引脚10，绿色LED正极接数字引脚12。连接好的电路如图5-11所示。

图5-11　模拟交通信号灯的电路连接

2. 编写程序

模拟交通信号灯的参考程序如图5-12所示。

3. 调试修改

程序编写好后就可以上传，上传成功后就会出现交通信号灯依次闪烁的效果。若达不到自己想要的效果，可更改程序中的语句，再上传测试。每一件完美的作品都是在不断修改、测试中不断完善而成的。

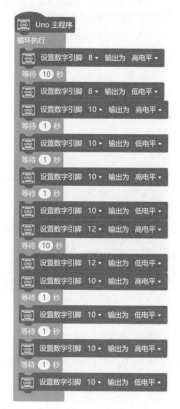

图5-12　LED模拟交通信号灯的程序

5.4　课后练习

使用更多的LED，制作一个色彩循环闪烁的装饰灯，营造一种色彩缤纷的氛围，给人梦幻般的享受。

第6课 用按钮控制LED

学习目标
* 认识按钮开关，会将其正确连入电路。
* 学会使用有分支结构的条件判断语句。
* 会用按钮开关控制LED。

器材准备
Arduino UNO板、USB数据线、LED、200Ω定值电阻、按钮开关、倾斜开关、面包板、杜邦线。

6.1 预备知识——Arduino按钮开关介绍

日常生活中的各种电器常用开关来控制其运行，在Arduino中也要用到如图6-1所示的按钮开关。从图中电路板上可看到按钮开关有三个接线端，分别是VCC、OUT、GND。VCC针脚要接Arduino UNO板的5V[①]引脚，GND针脚要接UNO板上的GND引脚，是用来给按钮开关供电的。中间的OUT针脚是用来输出数字信号的，按钮按下时输出高电平，不按时输出低电平。OUT针脚应根据编写的程序与相应的引脚相接。

图6-1 按钮开关

6.2 引导实践——用按钮控制LED

本例要达到的效果是：按下按钮时，LED亮；不按按钮时，LED灭。

---

① V，伏特，电压单位，简称为伏。

1. 连接电路

本例要用到的主要元件有：1块Arduino UNO板、1个LED、1个200Ω定值电阻、1个按钮开关、1块面包板。

把按钮开关插在面包板上，VCC、GND针脚分别用杜邦线接在Arduino UNO板上的5V和GND引脚上，按钮的信号线OUT针脚接数字输入引脚2（可任意选一个数字输入引脚，但要与所写程序中的引脚号相同）。LED正极接数字引脚12，负极与200Ω定值电阻串联后接引脚GND。好的连接电路如图6-2所示。

图6-2 用按钮开关控制LED的电路连接

2. 编写程序

将连接好电路的Arduino UNO板与电脑相连，运行Mind+，切换到"上传模式"，新建一个文件，将Mind+与Arduino UNO板连接好，通过"扩展"按钮调出"Arduino"模块及其控制语句。

（1）选取有分支结构的条件判断语句。

条件判断语句就是程序要对硬件反应先进行判断，然后决定执行的语句。本例的要求是按下按钮时，LED亮；不按按钮时，LED灭，即条件满足按下按钮时执行使LED亮的语句，不按按钮时执行使LED熄灭的语句。这就需要用到具有分支结构的条件判断语句。

"控制"模块中有两条条件判断语句，本例要用到的是具有分支结构第二条语句，如图6-3所示。

将第二个具有分支结构的条件判断语句拖到编程区的循环执行框中，如图6-4所示。

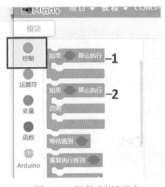

图6-3　条件判断语句　　　　图6-4　添加具有分支结构的条件判断语句

（2）设置判断条件。

将"Arduino"模块中的 读取数字引脚 0 语句拖放到编程区条件判断语句的条件框中，如图6-5所示。因为连线时，按钮开关的OUT针脚接的是2号引脚，所以要将"0"改为"2"，这一条语句的意思是当按钮按下时，2号引脚有信号。

图6-5　判断条件的设置

（3）编写预设效果语句。

从"Arduino"模块中将 设置数字引脚 1 输出为 高电平 语句拖到条件结构的第一个条件框中，并将引脚号改为12，因为LED正极接的是12号引脚。将这条语句复制后拖放到语

句"否则"下面的条件框中，将"高电平"改为"低电平"，图6-6为编写好的完整
程序。

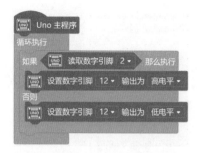

图6-6　用按钮开关控制LED的程序

整个程序的意思是，如果检测到2号引脚有信号（按钮按下），给12号数字引脚
输出高电平，LED就会亮；如果检测不到信号（没按按钮），给12号数字引脚输出低
电平，LED就不会亮。

3. 编译上传

将写好的程序进行编译、上传。当提示上传成功后，就可通过操作按钮，实现
"按钮按下LED亮，按钮释放LED灭"的效果。

6.3　深度探究——设计延时LED

我们在日常生活中，经常见到延时灯，很实用。比如教室走廊和楼道里的灯，当
按下开关后，灯亮，过一会儿，灯自动熄灭。我们可以在上面例子的基础上适当改动
程序，例如增加一条图6-7所示的延时5秒的指令就能实现这种效果。请你编译上传试
试看。

除了上面的程序，你再按图6-8修改程序，上传试试看，能否达到要求？

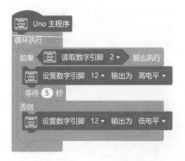

图6-7　延时LED的程序

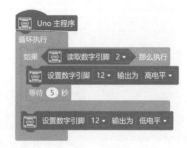

图6-8　延时LED的程序

这个程序使用了没有分支结构的条件判断语句，也实现了延时LED的效果。所以，采用不同思路编写的程序能实现同一目标，这就是智慧的魅力！

6.4　课后练习

生活中各种各样的开关有很多，倾斜开关就是其中一种有特殊用途的开关，它可应用于安全领域，检测物体是否发生倾斜。

倾斜开关也叫滚珠开关，是通过钢珠滚动接触导针的原理来控制电路的接通或者断开的。从图6-9中可知倾斜开关模块也有三个接线端，分别是VCC、GND、DO针脚。VCC针脚接Arduino UNO板上的5V引脚；GND针脚接UNO板上的GND引脚，用来给按钮供电；DO针脚是用来输出数字信号的，可接UNO板上的数字输入引脚。

图6-9　倾斜开关

倾斜开关的原理如图6-10所示，左边的滚珠固定不动，与金属弹片始终接触，右边的滚珠不固定，能滚动。当开关一端低于水平位置倾斜时，右边的滚珠向左滚动，不会与右边金属弹片接触，开关是断开的；当另一端低于水平位置，右边的滚珠向右滚动，与金属弹片接触，开关连通。

图6-10 倾斜开关原理

请你将倾斜开关模块平放、贴在面包板上，结合本节课学习的知识，连接电路、编写程序，从而利用倾斜面包板来控制LED的亮和灭。

第7课 会"呼吸"的LED

7.1 预备知识——数字电路的基本知识

1. 认识数字电路的语言——0和1

二进制是现代计算技术中广泛采用的一种数制，只有两个数字——0和1。计算机只认识二进制数。我们生活中使用的都是十进制，也就是满10进1，二进制是满2进1。我们可以用二进制格式把十进制的数都换算出来，表7-1就是十进制0～9与二进制对应数值的换算表。

表7-1 二进制和十进制的换算

进制	数值									
十进制	0	1	2	3	4	5	6	7	8	9
二进制	0	1	10	11	100	101	110	111	1000	1001

数字电路中也常用到0和1，"1"表示电路通，"0"表示电路断。在Arduino UNO板上，板载最高电压为5V，用"高电平"来表示，用二进制表示就是"1"；若设定电压为0V，就是"低电平"，用二进制表示就是"0"。在第6课中，对于"数字输出"，我们设定为"高电平"时，用二进制表示就是"1"，LED就亮；设定为"低电平"时，用二进制表示就是"0"，LED就熄灭。

2. PWM与模拟输出

在数字电路中,电压信号不是0(0V)就是1(5V),那么如何输出0V和5V之间的某个电压值呢?这就要用到PWM技术。

PWM,也就是脉冲宽度调制,用于将一段信号编码为脉冲信号(方波信号)。它是在数字电路中达到模拟输出效果的一种手段,即使用数字控制产生占空比不同的方波(一个不停在开与关之间切换的信号)来控制模拟输出。我们要在数字电路中输出模拟信号,一般是使用PWM技术来实现。简而言之就是电脑只会输出0和1,那么想输出0.5怎么办呢?持续输出0,1,0,1,0,1…这样平均之后的效果就是0.5了。

在Arduino中,我们常用PWM来改变LED的亮暗程度、电动机的转速等。Arduino UNO板上标有"~"的3、5、6、9、10、11这六个引脚具有PWM输出功能,能进行模拟输出,如图7-1所示。Arduino的PWM设置范围为0~255,对应的电压输出为0~5V。

图7-1 具有PWM模拟输出功能的引脚

7.2 引导实践——设计会"呼吸"的LED

会"呼吸"的LED要达到的效果是:LED慢慢由暗变亮,然后又慢慢变暗,循环执行。

1. 连接电路

本例要用到的主要元件有:1块Arduino UNO板、1个LED、1个200Ω定值电阻、1

块面包板。

在面包板上给LED的负极串联一个200Ω定值电阻，用公对公杜邦线将正极接到Arduino UNO板的5号引脚，电阻的另一端接到GND引脚。连接好的电路如图7-2所示。

图7-2 会"呼吸"LED的电路连接

2. 编写程序

将连接好电路的Arduino UNO板与电脑相连，运行Mind+，切换到"上传模式"，新建一个文件，将Mind+与Arduino UNO板连接好，通过"扩展"按钮调出"Arduino"模块及其控制语句。

LED的"呼吸"过程实际可分为两段，一个是变亮的过程，一个是变暗的过程。这两个过程都存在中间状态的渐变，用数字输出是无法实现的，只有PWM技术才能实现此效果。

（1）新建变量。

Arduino中，具有PWM模拟输出功能的引脚的PWM输出范围为0～255，实现的电压输出范围为0～5V。为了实现0～255的渐变输出，要使用变量。

在"变量"模块中，我们可看到Mind+的变量有数字和字符两种类型。本例需要使用的是数字类型变量，因此单击"新建数字类型变量"按钮，打开变量命名对话框，将变量命名为"i"，如图7-3所示。

确定后，我们看到"变量"模块中出现了变量i的控制语句，如图7-4所示。

图7-3　新建变量的过程　　　　　　　　图7-4　变量i的相关语句

（2）编写使LED由暗变亮的程序。

先从"变量"模块中将语句 设置 i▼ 的值为 0 拖到循环执行语句框中，在"控制"模块中拖出重复执行语句 重复执行 10 次 放在下面，将执行次数改为255。然后在重复执行语句框中放置语句 将 i▼ 增加 1，从"Arduino"模块中将 设置pwm引脚 3▼ 输出 200 拖出放在下面，将引脚号改为5（LED正极接在5号引脚），将 变量i 从"变量"模块中拖放到输出框中，它会自动替换数字200。最后从"控制"模块中将语句 等待 1 秒 拖放到PWM输出语句的下面，将等待时间改为0.05秒。编写好的LED由暗变亮的程序如图7-5所示。

图7-5　LED由暗变亮的程序

这段程序的意思是，先将i的值设为0，然后重复执行255次，每次加1，这样就实现了i由最小值（0）变化到最大值（255）；由于5号引脚输出的值是i，也就是输出的值是由小变大的，因此LED的亮度就会由暗变亮。

（3）编写使LED由亮变暗的程序。

将重复执行框及其中的语句块复制，接在下面，如图7-6所示。

将通过复制编写的程序中i的增加值改为-1，这样就实现了i由最大值（255）变化

53

到最小值（0），也就是输出的值是由大变小的，这样LED的亮度就会由亮变暗。会"呼吸"的LED的完整程序如图7-7所示，两个重复执行语句框构建的是顺序结构程序块。

图7-6　编写LED由亮变暗的程序　　图7-7　会"呼吸"的LED的完整程序

3. 编译上传

将写好的程序进行编译、上传。当提示上传成功后，就可以看到LED的"呼吸"效果。

7.3　深度探究——调整会"呼吸"LED亮度变化的快慢

我们发现会"呼吸"的LED亮度变化很慢，下面我们来把变化调得快一点。程序中的变量i的最大值为255，若每次增加值为1，则语句要由0运行255次才能达到255，使LED最亮；反之，变暗也一样。所以，要调整变化的速度，可以通过修改增加值来实现。将增加值改为5，则变量i由0达到最大值只要运行51次，需要的时间是原来的1/5，如图7-8所示。

经过编译上传后，我们可观察到快速"呼吸"的LED。

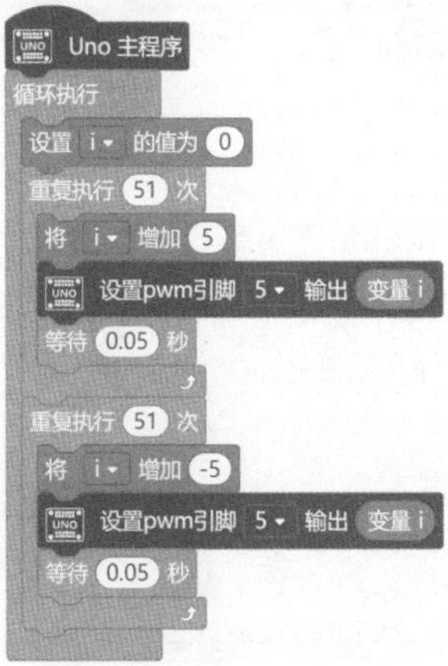

图7-8 修改后的程序

7.4 课后练习

1. 生活中哪些电器用到了会"呼吸"的LED?

2. 分析例子中的程序,看看还有什么地方通过修改后可以控制LED亮度变化的快慢?

第 **8** 课　无级调节LED的亮度

学习目标

* 理解Arduino通过传感器获取模拟信号的原理和输入方法。
* 认识电位器，能正确将其连入电路。
* 会用电位器调节LED的亮度。

器材准备

Arduino UNO板、USB数据线、LED、200Ω定值电阻、130型小电动机、电位器、面包板、杜邦线。

8.1　预备知识——传感器与电位器

1. 模拟量与模拟输入

计算机的优势在于对数字信号的识别和处理，但我们生活的世界并不能用数字化的0和1来表示所有的现象。例如温度，它会在一定范围内连续变化，而不可能发生像从0度到1度这样的瞬时跳变。类似这样的物理量称为模拟量。计算机是无法直接处理这些模拟量的，模拟量必须经过模数转换变成数字信息后，才能被计算机进一步处理。

Arduino UNO板具有模数转换功能，能进行模数转换，将传感器感知来的模拟值如温度等转换成1024个级别，即0～1023。由于Arduino UNO板控制的电压变化范围是0～5V，因此将0～5V的电压值分成1024份。例如用光线传感器感受光线强度，若感知的光较强，值为512，则输出的电压就为2.5V；若是漆黑的夜晚，感知不到光，值为1023，则输出的电压就为0V。

Arduino UNO板共有A0～A5六个模拟输入引脚可接入模拟传感器，如图8-1所示。

图8-1　Arduino UNO板上的模拟输入引脚

2. 认识电位器

电位器如图8-2所示，它是一种最简单的模拟输入设备。

电位器实际上就是一个滑动变阻器，图8-3是电位器的原理示意图。通过控制滑块所在的位置，可以得到不同的电阻值，而输入信号正是从滑块所在的位置接入到电路中的。三个引脚由左至右依次为VCC、OUT、GND，分别与UNO板上的5V引脚、模拟输入引脚、GND引脚相连。

 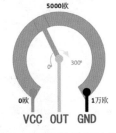

图8-2　电位器　　图8-3　电位器原理示意图

当滑块处在不同角度时，引脚VCC、OUT之间电阻阻值不同，按照分压原理，触角返回的电压值也在0～5V变化，Arduino UNO板的模数转换器件根据返回的电压数值与输入电压（5V）的比例关系，换算成0～1023的具体数值，返回给UNO板。

8.2　引导实践——设计能无级调节亮度的LED

无级调节LED亮度要达到的效果是：转动电位器的旋钮，使LED的亮度能同步变化。

1. 连接电路

本例要用到的主要元件有：1块Arduino UNO板、1个LED、1个200Ω定值电阻、1个电位器。

把电位器插在面包板上，VCC、GND引脚分别用杜邦线接在Arduino UNO板的5V和GND引脚，中间的信号引脚OUT接模拟输入引脚A1（也可接其他模拟引脚，但要与所写程序中的引脚号相同）。由于调节LED的亮度要用到PWM技术，所以LED的正极只能接在3、5、6、9、10、11这六个模拟输出引脚。本例将LED的正极接引脚11（也可接其他几个模拟输出引脚，但要与所写程序中的引脚号相同），负极与200Ω定值电阻串联后接引脚GND，电路连接如图8-4所示。

图8-4　无级调节亮度LED的电路连接

2. 编写程序

将连接好电路的Arduino UNO板与电脑相连，运行Mind+，切换到"上传模式"，新建一个文件，将Mind+与Arduino UNO板连接好，通过"扩展"按钮调出"Arduino"模块及其控制语句。

本例将应用Mind+的数据映射功能（数据映射就是在两种数据类型之间建立起数据元素的对应关系），具体的设计思路是：先获取模拟输入引脚A1的值（连入的电阻值），Arduino UNO板的模数转换器件会将电阻值转化成0～1023的一个数（第一种数据类型），Arduino根据用户设置的对应关系处理这个数值，生成一个0～255的值（第二种数据类型），用这个值来设置模拟输出引脚11的脉冲宽度（PWM值，也就是电压值），从而改变LED的亮度。在本例中，电位器旋钮逆时针旋转到不能动时，接入电阻值最小，Arduino就将其值设为0；旋钮顺时针旋转到不能动时，接入电阻值最大，Arduino就将其值设为1023；而旋钮旋转到任意处就会产生0～1023的一个数，如当旋钮处于中间位置时，生成的数为512。通过电位器得到的模拟输入范围是0～1023，对应的模拟输出，我们可以通过数据映射设置成255～0，即当电阻最小时，LED最亮，电阻最大时，LED最暗。

程序具体的编写过程如下：

（1）设置模拟输出模块。

从"Arduino"模块中，选择PWM输出语句 ![设置pwm引脚 3 输出 200]，拖到编程区循环执行语句框中，将引脚号改为11。

（2）搭建数据映射结构。

从"运算符"模块中选择数据映射语句 ![映射 0 从 0 1023 到 0 255]，拖到PWM语句块输出框中，如图8-5所示。

图8-5　将数据映射语句拖到PWM语句块输出框中

再从"Arduino"模块中，选择语句 ![读取模拟引脚 A0]，拖到映射语句的映射来源框中，将引脚号改为A1，如图8-6所示。

图8-6　将模拟输入引脚语句拖到数据映射来源中

（3）设置数据映射数据。

模拟输入引脚A1的值是0～1023，模拟输出引脚的值是0～255。因为电位器电阻越大时，LED越暗，所以数据设置如图8-7所示。以上就是无级调节亮度的LED的完整程序。

图8-7 无级调节亮度LED的程序

3. 编译上传

将编写好的程序进行编译、上传。当提示上传成功后，就可用电位器无级调节LED的亮度了。

8.3 深度探究——用电位器无级调节LED亮度

我们按图8-8连接电路。将LED正极与电位器VCC引脚相连，电位器OUT引脚接到UNO板的11号引脚上，LED负极与电阻串接后连到UNO板的GND引脚。

在Mind+中编写图8-9所示的程序，并编译、上传到主板。

图8-8 用电位器调节LED亮度的电路连接　　图8-9 无级调节LED亮度的程序

我们可以看到，通过调节电位器，LED的亮度也会发生变化。可能有些读者会认为这种方法比数据映射连线容易，程序也简单，所以更好。

是这样吗？在调节的过程中仔细观察，能将LED亮度调到0吗？结果是不行。其实不只是这个缺点，这种方法还有其他弊端。这个电路将电位器、LED和定值电阻串联起来，三个元件都成了用电器，它们两端的总电压是恒定的5伏。根据串联电路分压原理，谁的电阻大，谁分得的电压就高。所以，当调节电位器时，改变了其接入电路的电阻，它分得的电压就会相应调整，LED分得的电压也会同步反向调整，从而LED的亮度就会发生变化。但即使电位器电阻调到最大，LED也是有电阻的，也会分到一点电压，发一点光，因而LED亮度不会为0。最大的问题还不是这个。电路中的电位器在此是一个用电器，它会耗电，会发热，不安全。把电位器与LED串联后接入电路，它就是一个耗电大户，得不偿失。而把电位器当传感器使用，用数据映射方式来调节LED，则可以做到精准、安全。

8.4　课后练习

用电位器可以通过数据映射方式来调节LED的亮度，那么能不能将LED直接换成小电动机，从而用电位器调节电动机的转速呢？试试看，若达不到目的，请分析一下原因。

第 9 课　虚实交互的房间调光灯

学习目标

* 理解虚实交互。
* 会用电位器调节舞台上房间的亮度。
* 会通过控制舞台上的角色来调节LED的亮度。

器材准备

Arduino UNO板、USB数据线、LED、200Ω定值电阻、电位器、面包板、杜邦线。

9.1　预备知识——了解虚实交互

虚实交互是一种新的人机交互方式，在满足我们感官认知的同时能够让我们参与其中，在真实场景和虚拟对象之间自然交互。国内外在虚实交互上的研究成果越来越多，使用新技术、新工具和新方法，能在很多方面实现虚实互动。目前，虚实交互在生活中广泛应用在物品定位、远程操控机器等方面。

由于Mind+具有虚实交互的功能，所以我们可以利用Mind+做出虚实交互的场景。前面我们已经学习了在上传模式下用电位器无级调节LED亮度的案例，而在实时模式下，我们不上传程序也能用电位器无级调节LED亮度，还可以同步调节舞台上房间的亮度，做到虚实交互。反过来，我们也可以通过舞台上的角色来控制LED的亮度。

9.2　引导实践——设计能用电位器调节舞台上房间亮度的虚实交互系统

用电位器调节房间亮度的虚实交互系统要达到的效果是：在Mind+实时模式下，通过转动电位器的旋钮，不仅要使LED的亮度能同步变化，而且要使Mind+舞台上房间和Mind+精灵的亮度同步变化。当房间变得特别暗时，Mind+精灵说"好黑呀，请将灯光调亮一点吧！"；当房间变亮后，Mind+精灵说"房间变亮了！"。

1. **背景和角色外观设置**

运行Mind+，选择实时模式，新建一个Mind+文档，默认的舞台背景为白色，角色为Mind+精灵。我们要换掉背景。

单击舞台背景区的"背景库"按钮，如图9-1所示，打开背景选择窗口。

选择背景库中的"睡房"背景后，界面就会自动变成背景编辑窗口。我们不进行更改，单击界面左上方的"模块"按钮，返回软件主界面，将Mind+精灵移动到如图9-2所示位置。这样，背景和角色外观都设置好了。

图9-1　"背景库"按钮

图9-2　设置好的背景和角色外观

2. 连接电路

本例要用到的主要元件有：1块Arduino UNO板、1个LED、1个200Ω定值电阻、1个电位器。

把电位器插在面包板上，VCC、GND引脚分别用杜邦线接Arduino UNO板上的5V和GND引脚，中间的信号引脚OUT接模拟输入引脚A0（也可接其他模拟输入引脚，但要与所写程序中的引脚号相同）。由于调节LED的亮度要应用PWM技术，所以将LED的正极接引脚10（也可接3、5、6、9、11这几个引脚，但要与所写程序中的引脚号相同），负极与200Ω定值电阻串联后接GND引脚。电路连接如图9-3所示。

图9-3　调整房间灯亮度的电路连接

将连接好后的Arduino UNO板接在电脑上，通过"连接设备"菜单建立Arduino UNO板与软件的连接，成功后会在舞台上边出现"连接设备成功"的文字。

3. 编写程序

将连接好电路的Arduino UNO板与电脑相连，通过"扩展"按钮调出"Arduino"模块及其控制语句，如图9-4所示。与上传模式不同，编程区没有自动出现循环语句框架结构程序，是空白的。

本例的设计思路是：先获取连接电位器的模拟输入引脚A0的值（0～1023），Arduino处理这个数值后，生成一个0～255的值，再用这个值来设置LED的亮度和舞台上背景房间、Mind+精灵的亮度。

图9-4 实时模式下的"Arduino"模块及语句

本例需分别为背景、Mind+精灵编写程序，具体的编写过程如下：

（1）为背景编写程序。

编写程序时要先单击舞台下方的背景图标，这样在编程区写的程序才能控制背景的反应。在背景上要编写控制硬件LED和背景房间亮度的程序。由于LED和舞台背景的亮度是随调节电位器阻值的变化而变化的，是实时的，所以控制它们亮度的语句一定要写在循环语句结构框中。

①搭建循环语句结构。先从"事件"模块中将语句 拖放到编程区，再从"控制"模块中拖出 循环执行 拼接在下方，组成如图9-5所示的循环语句结构框。

图9-5 循环语句结构框

②编写控制LED亮度的语句。和第8课中控制LED的语句一样，从"Arduino"模块中选择PWM输出语句 设置pwm引脚 3▼ 输出 200，拖到编程区循环语句结构框中，将引脚号改为10。从"运算符"模块中选择数值映射结构语句 映射 0 从 0 1023 到 0 255，拖到PWM语句块输出框中，再从"Arduino"模块

65

中，选择 ![读取模拟引脚 A0]，拖到"映射"模块映射来源框中，更改好映射数值后为 ![设置pwm引脚 10 输出 映射 读取模拟引脚 A0 从 1023 0 到 0 255]。

③编写控制背景房间亮度的语句。从"外观"模块中将语句 ![将 颜色 特效设定为 0] 拖到编程区循环语句结构框中，把选项"颜色"改为"亮度"。从"运算符"模块中选择数值映射结构语句 ![映射 0 从 0 1023 到 0 255]，拖放到特效设定值框中，选择语句 ![读取模拟引脚 A0]，拖放在"映射"模块映射来源框中，更改好映射数值后为 ![将 亮度 特效设定为 映射 读取模拟引脚 A0 从 1023 0 到 -80 0]。

编写好的背景的程序如图9-6所示。

图9-6 背景的程序

（2）为Mind+精灵编写程序。

先要单击角色区的Mind+精灵图标，才能在编程区为其编写程序。本例设计的Mind+精灵的反应是：当LED不亮（电位器的模拟值为1023）时，Mind+精灵说"好黑呀，请将灯光调亮一点吧！"；当LED最亮（电位器的模拟值为0）时，Mind+精灵说"房间变亮了！"。同时Mind+精灵的亮度也随房间亮度同步变化，只是变化范围小点。

根据设计要求，这个程序也要使用循环结构，里面镶嵌两条条件判断语句，用来控制Mind+精灵说什么话。条件判断语句下面还有一条控制Mind+精灵亮度的语句，与背景上的程序中控制房间亮度的语句类似。

编写好的Mind+精灵的程序如图9-7所示。

4. 调试修改

程序编写好后，在软件与Arduino UNO板连接成功状态下，单击舞台上方的"运行"按钮，然后手动旋转电位器的旋钮，就可以看到不仅LED的亮度同步变化，舞台上房间和Mind+精灵的亮度也同步变化，这就是软件与硬件实时交互的魅力。

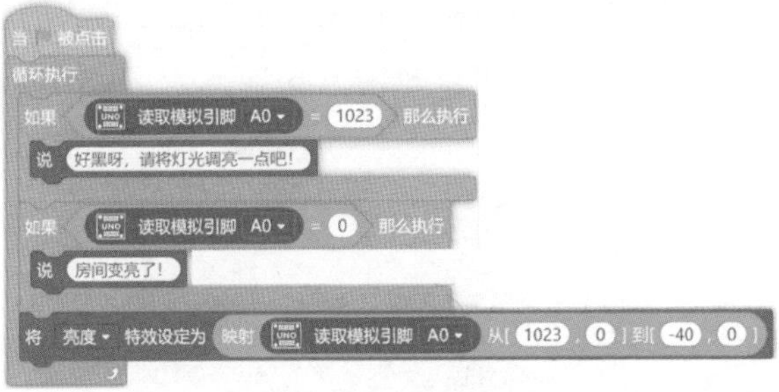

图9-7　Mind+精灵的程序

9.3　深度探究——用舞台上的按钮调节LED的亮度

下面我们就在舞台上设计两个按钮，用按钮来调节实际电路中LED的亮度。

1. 连接电路

本例要用到的主要元件有：1块Arduino UNO板、1个LED、1个200Ω定值电阻。

按图9-8连接电路。将LED正极与Arduino UNO板10号引脚相连，LED负极与电阻串接后连到Arduino UNO板的GND引脚。

图9-8　LED的电路连接

2. 背景和角色外观设置

运行Mind+，选择实时模式，新建一个Mind+文档，默认的舞台背景为白色，角色为Mind+精灵。设置好的背景和角色，如图9-9所示。

图9-9 设置好的背景和角色

图9-9中的背景只是在上例的基础上增加了"变亮"和"变暗"两个按钮角色。按钮是在角色库中选择"椭圆形按钮"，打开造型窗口如图9-10所示，给按钮命的名。

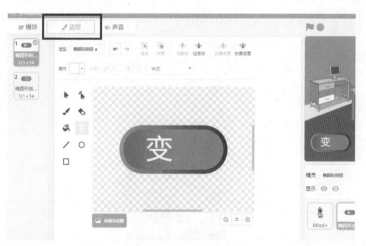

图9-10 给按钮命名

3. 编写程序

将连接好电路的Arduino UNO板与电脑相连，用"扩展"按钮调出"Arduino"模块及其控制语句。

本例的设计思路是：单击"变亮"或"变暗"按钮，发出一个消息和一个变化的值，Arduino处理这个数值，生成一个0~255的值，再用这个值来设置舞台上背景房间、Mind+精灵和LED的亮度。

为了记录变化的数值，需先在"变量"模块中新建变量。该语句 ☑ 变量 liangdu 默认前面有"√"，舞台上出现 liangdu 0 来显示实时变化的值；去掉"√"，舞台上就没有了变量值显示，但变量还是实际存在的。

本例需分别为"变亮"按钮、"变暗"按钮、Mind+精灵、背景编写程序，分别如下：

（1）"变亮"按钮的程序。

图9-11所示为"变亮"按钮的程序，分为两部分。第一部分的作用是每次运行时将变量liangdu的值初始化为1。第二部分的作用是，当角色被单击时发出广播消息1，也就是将此角色定义为按钮；条件判断语句的作用是，当满足条件-82<变量liangdu<-8时，若单击此按钮，变量liangdu就增加10。-82、-8、10这三个数值的设置是由背景的亮度确定的，Mind+软件设定的是当背景亮度值为1时正常显示，当为-80时，很暗；每次增加的值可调整，这可以改变由暗变亮按按钮的次数。

（2）"变暗"按钮的程序。

图9-12所示为"变暗"按钮的程序，与"变亮"按钮的程序结构一样，条件不同，liangdu增加-10实际上就是按一下此按钮变量liangdu减10。

图9-11 "变亮"按钮的程序

图9-12 "变暗"按钮的程序

从两个按钮的程序可分析出变量liangdu的变化范围。变量liangdu初始值为1，此时按"变亮"按钮时，值不会变，因为已经是最大值1；按1次"变暗"按钮，值会减小10，为-9，按8次后值会变为-79，再按就不会减小了，即最小值为-79。所以变量liangdu的变化范围为-79～1。

（3）Mind+精灵的程序。

图9-13所示为Mind+精灵的程序，两个语句组保证了变量值的实时变化，也就是Mind+精灵的亮度实时变化。

（4）背景的程序。

图9-13　Mind+精灵的程序

图9-14所示为背景的程序，两个语句组设置了背景房间的亮度和LED的亮度。

图9-14　背景的程序

9.4　课后练习

本节课我们学习了虚实交互技术，请你运用虚实互动方式，做一个通过实物开关来控制实物LED和舞台上房间亮度的装置，要求是当LED亮时，舞台上的房间亮；当LED灭时，舞台上的房间暗。

第10课 光控LED

10.1 预备知识——光敏传感器与Mind+串口监视器

1. 认识光敏传感器

传感器是一种检测装置，能感受到被测量物的信息，并能将感受到的信息，按一定规律转换成为电信号或其他所需形式的信息输出，以满足信息的传输、处理、存储、显示、记录和控制等要求。

我们已经学会了用按钮开关和电位器来控制LED，它们是两种不同类型的传感器。按钮开关只能返回0、1两种信息，属于数字传感器，电位器能返回大小值不同的更多信息，属于模拟传感器，只不过按钮开关和电位器还是受人直接掌控的传感器，不受环境改变的影响，而更多的传感器就像人的感觉器官如眼睛、鼻子、耳朵等，能将自然环境中的声、光、温度等物理量转化为计算机能处理的电信号。

图10-1所示的光敏传感器能把光信号变成电信号，它是利用半导体的光电效应制成的，电阻值会随光的强弱而改变的电阻器，入射光强，电阻减小，入射光弱，电阻增大。

图10-1　光敏传感器

光敏传感器共有四个针脚，VCC针脚接UNO板的5V引脚，GND针脚接UNO板的GND引脚，用于给传感器供电。AO和DO只能根据需要选用一个，如果要实时获取光线强弱值就把AO接在模拟输入引脚A0～A5中的一个；如果只需判断有无光线，则用DO接数字输入引脚就行了。

2. 了解Mind+串口监视器

在Mind+中，我们会经常用到串口监视器。位于界面右下方的串口监视器如图10-2所示，它由主窗口和控制按钮组成。

图10-2　串口监视器

串口监视器能在Arduino和计算机之间建立起联系。我们在计算机上通过串口监视器能看到程序上传时的情况，有是否成功的提示；还能在串口监视器上实时看到Arduino模拟输入口采集来的数据，如光、温度、声音等的数据；也能编程并通过串口向Arduino发送数据，从而控制其他元件。

串口监视器是我们调试、修改程序的得力助手。

10.2 引导实践——设计光控LED

光控LED要达到的效果是：当光线较暗时，LED就亮，否则LED就熄灭。

1. 连接电路

本例要用到的主要元件有：1块Arduino UNO板、1个LED、1个200Ω定值电阻、1个光敏传感器、1块面包板。

由于LED只需亮和灭两种状态，所以不用接具有PWM功能的引脚，接其他输出引脚也行（0、1除外）；光敏传感器接模拟输入引脚A0～A5中的任意一个都行。

把光敏传感器插在面包板上，VCC、GND引脚分别用杜邦线接Arduino UNO板上的5V和GND引脚，光敏传感器模拟输出AO引脚接UNO板模拟输入引脚A0（也可接其他模拟输入引脚，但要与所写程序中的引脚号相同）。LED的正极接UNO板上的数字输入引脚10（也可接其他几个数字输入引脚，但要与所写程序中的引脚号相同），负极与200Ω定值电阻串联后接UNO板上的GND引脚。电路连接如图10-3所示。

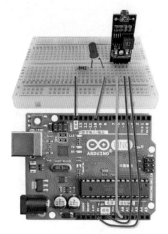

2. 编写程序

将连接好电路的Arduino UNO板与计算机相连，运行Mind+，切换到"上传模式"，新建一个文件，将Mind+与Arduino UNO板连接好，通过"扩展"按钮调出"Arduino"模块及其控制语句。

图10-3 光控LED的电路连接

本例的设计思路是：先通过光敏传感器获取光线强弱，光敏电阻的阻值会随之发生变化，实时生成0～1023中的一个数值，再经模拟输入引脚A0输入Arduino主板；处理器会实时处理这个数值，若光线弱，阻值就大，数值也会大。当数值大于程序设定的数值时，处理器给数字输入引脚10一个高电平，则LED会亮，否则LED会灭。我们可利用串口监视器全程监视光线强弱的变化。

程序具体的编写过程如下：

（1）编写条件判断语句。

从"控制"模块中选择条件判断语句，拖到编程区循环执行框中。

（2）编写数据比较语句。

本例中，要判断光线的强弱，即数值的大小，就要用到数据比较语句。从"运算符"模块中选择数据比较语句，放置于条件判断语句的条件框中，如图10-4所示。

（3）编写数据比较语句。

从"Arduino"模块中选取语句，放置于数据比较语句左框中；在数据比较语句右框中输入200（根据需要，也可设置其他数值）。设置好的数据比较语句如图10-5所示。

图10-4　搭建条件结构　　　　图10-5　设置数据比较语句

（4）编写预设效果语句。

从"Arduino"模块中选取语句，放置于条件判断语句执行框中，并将引脚号改为10，其下方放置从"控制"模块中选取的 等待 1 秒语句（一定要有等待时间这一语句，否则即使条件满足，LED也不会亮）；将 设置数字引脚 10 输出为 高电平 语句复制后放置于条件判断语句框下方，将电平由高改为低。

（5）编写串口监视语句。

从"Arduino"模块中选取语句，放置于条件判断语句框上方，复制 读取模拟引脚 A0 替换输出框中的"hello"，如图10-6所示。

编写好的整个程序如图10-7所示。

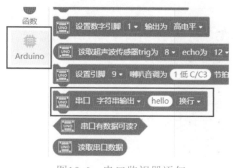

图10-6 串口监视器语句

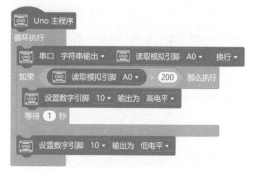

图10-7 光控LED的程序

3. 编译上传

将写好的程序进行编译、上传。当提示上传成功后，打开串口监视，可看到如图10-8
所示不断变化的数据，这些数据就反映了光敏传感器感知到的光线变化情况。

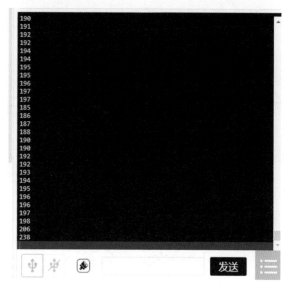

图10-8 串口监视器显示实时光线强弱数据

在自然光下，用手或其他物品挡住射向光敏传感器的光线，可以观察到LED亮；
移开，LED就灭。

10.3 深度探究——用光敏传感器和LED制 作光线强弱报警装置

本例中的报警装置采用光敏传感器和三个LED来实现感应和反馈。报警装置要达到的效果是：当光线强度为正常值时，绿色LED亮；当光线强于正常值时，红色LED亮；当光线弱于正常值时，黄色LED亮。始终只有一个LED亮，另两个灭。

本例中涉及的三个LED需并联，红、绿、黄色LED的正极分别接入Arduino UNO板的8号、10号、12号引脚，LED的负极都要接入GND。Arduino UNO板提供的GND引脚不够，可以利用面包板对5V和GND引脚进行扩展，5V引脚接面包板"+"这一排，GND引脚接面包板"-"这一排。硬件搭建及电路连接如图10-9所示。

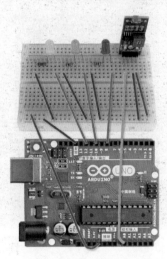

图10-9　光线强弱报警装置的电路连接

由于本例涉及三个LED，所以需三个条件判断语句来执行，并且在判断正常光线强度范围时，还需使用"运算符"模块中的 ◀━━━ 与 ━━▶ 语句。编写好的参考程序如图10-10所示，条件判断语句中，判断光线强弱的数据可根据需要修改。

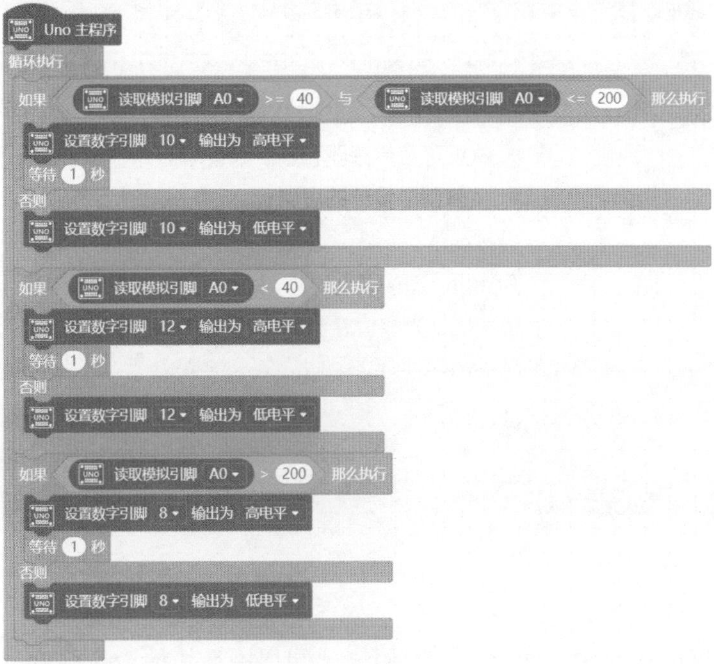

图10-10　光线强弱报警的程序

10.4　课后练习

请你应用PWM功能设计出LED的亮度随光线强弱变化的装置，要求是光线强，LED暗，光线弱，LED亮。

第 11 课　LED的创意设计

学习目标

＊　认识声音传感器和超声波传感器。

＊　了解创意设计的思路。

器材准备

Arduino UNO板、USB数据线、LED、200Ω定值电阻、超声波
传感器、光敏传感器、声音传感器、面包板、杜邦线。

11.1　预备知识——声音传感器与超声波传感器

1. 认识声音传感器

声音传感器模块对声音敏感，一般用来感知周围环境的声音强度。Arduino声音
传感器如图11-1所示，它有四个引脚，接线方法与光敏传感器的一样，VCC针脚接
UNO板上的5V引脚，GND针脚接UNO板上的GND引脚。模拟输出（AO）和数字输
出（DO）针脚只能根据需要选用一个，如果要实时获取声音大小就把AO接在模拟输
入引脚A0～A5中的一个；如果只需判断有无声音，则把DO接数字输入引脚就行了。

图11-1　声音传感器

2. 认识超声波传感器

HC-SR04超声波传感器如图11-2所示，它能与Arduino UNO板配套使用，具有
2～450cm的非接触式距离感测功能。

HC-SR04超声波传感器由超声波发射器、接收器与控制电路组成。HC-SR04超声波传感器的工作原理如图11-3所示，超声波测距模块接收到触发信号后发射超声波，当超声波投射到物体表面被反射回来后，模块输出回响信号，以触发信号和回响信号的时间差来计算物体的距离。

 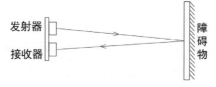

图11-2　HC-SR04超声波传感器　　　　　　图11-3　超声波传感器原理

超声波传感器有四个接线引脚，VCC接UNO板上的5V引脚；GND接UNO板上的GND引脚；Trig是发射信号端，可接UNO板上的数字引脚；Echo是接收信号端，也可接UNO板上的数字引脚。编写程序时一定要注意引脚号要与接线时选用的一致。

11.2　引导实践——文物保护装置与声光控楼道灯

通过前面的学习，我们看到LED可以应用在两个方面，一是作为报警显示，二是作为照明工具。无论用在哪方面，都需和传感器结合才能做成智能装置。下面，我们通过两个实例来进行LED的创意设计。

1. 文物保护装置

（1）作品创意。

某文物在展览时只能远观，不能靠近，更不能触摸。我们可以给文物设计一个报警保护装置，正常情况下绿灯亮，当有人靠近文物到一定距离时，绿灯熄灭，红灯闪烁，提醒观众文明观展。

（2）连接电路。

本例要用到的主要元件有：1块Arduino UNO板、1个超声波传感器、1个红色LED、1个绿色LED、2个200Ω定值电阻、1块面包板等。

先用杜邦线将Arduino UNO板的5V和GND引脚扩展到面包板上；再将超声波传感器的VCC针脚连接到面包板上扩展的5V插孔中，GND连接到面包板上扩展的GND插孔中，Trig接数字引脚8，Echo接数字引脚7；然后连接两个LED，将红、绿LED的正极分别接在10号、12号数字引脚，负极各串联一个200Ω定值电阻后分别接在面包板上扩展的GND插孔中。硬件电路连接如图11-4所示。

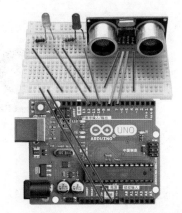

图11-4 文物距离报警装置的电路连接

（3）编写程序。

将连接好电路的Arduino UNO板与电脑相连，运行Mind+，切换到"上传模式"，新建一个文件，将Mind+与Arduino UNO板连接好，通过"扩展"按钮调出"Arduino"模块及其控制语句。

本例的程序使用条件判断语句结构。从"控制"模块中选取 ，将之拖放到编程区循环执行框架中。

我们按要求设置一个条件，就是当观众距离文物小于15cm时，红色LED亮。这就要用到数据比较语句，从"运算符"模块选取语句 ，拖放到条件判断语句"如果"的条件框中。

首先，从"Arduino"模块中选取超声波控制语句，放置到数据比较语句的左框中，此时Trig的引脚号为8，不用改，将Echo的引脚号改为7，在数据比较语句的右框中输入15，即15cm，如图11-5所示。编写好的条件设置语句如图11-6所示。

然后，从"Arduino"模块中选取 设置数字引脚 1▼ 输出为 高电平 ，放置到循环执行语句框中，将引脚号改为10，要实现的目的是当物体距文物小于15cm时，红色LED亮。将此语句块复制，拼接在它的下方，将引脚号改为12，"高电平"改为"低电平"，这一语句的作用是使绿色LED灭。再将以上两条语句复制后放在"否则"下边的框中，将10号数字引脚的输出电压改为"低电平"，12号数字引脚的输出电压改为"高电平"，这两条语句的意思是当物体距文物超过15cm时，绿色LED亮，红色LED灭。

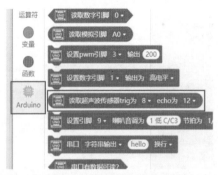

图11-5　选取超声波控制语句

图11-6　数据比较语句的参数设置

编写好的程序如图11-7所示。

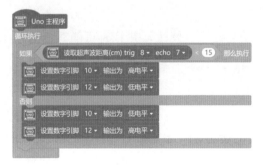

图11-7　简易文物距离报警装置的程序

（4）调试与修改。

将编写的程序编译上传，测试效果，可看到绿色LED亮，红色LED灭，用手靠近超声波传感器，当距离在15cm以内时，红色LED亮，绿色LED灭。这个程序没有达到红灯闪烁的警示效果，还需修改。为了实现闪烁效果，可以在条件判断语句框中嵌套一个有条件的重复执行语句  。这个语句在"控制"模块中，把条件设置为

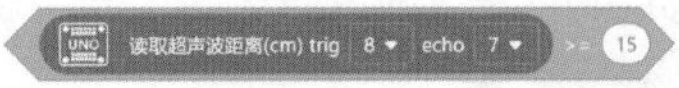

![读取超声波距离(cm) trig 8 echo 7 >= 15]即可。

编写好的完整程序如图11-8所示。

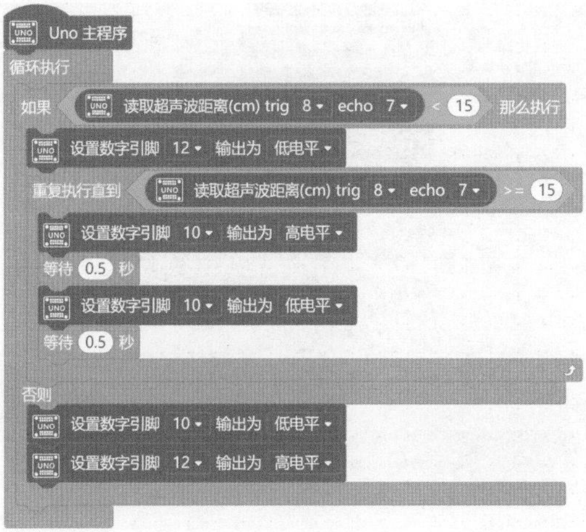

图11-8　完善后的文物距离报警装置的程序

经过测试，这个程序能达到所需效果。程序编制大多不是一次就能成功的，特别是比较复杂的程序，需反复测试、修改，并且有可能写出的程序不同，但达到的效果相同。

2. 声光控楼道灯

（1）作品创意。

声光控楼道灯要具有的功能是：光线强时，灯不会亮；光线弱时，增大脚步声或拍拍手，灯就会亮，过一会儿灯又会自动熄灭。我们可以用传感器和LED来模拟这种效果。

（2）电路连接。

声光控楼道灯有两个传感器，分别是光敏传感器和声音传感器。UNO板上的5V、GND引脚不够用，要扩展到面包板上。两个传感器的接法相同，VCC针脚接UNO板上的5V引脚，GND针脚接UNO板上的GND引脚。由于光和声音都需要辨别大小，所以都应把传感器上的模拟输出（AO）接到UNO板上模拟输入引脚，光敏传感器接A0

引脚，声音传感器接A1引脚。LED正极接在UNO板上的数字引脚12上，负极串联电阻后接在面包板GND插孔中。电路连接如图11-9所示。

（3）编写程序。

把上面的文物报警保护程序保存后再新建一个文件，要重新用"扩展"按钮调出"Arduino"模块及其控制语句。

下面先给出程序，然后一步一步分析每一语句的作用。编写的参考程序如图11-10所示。

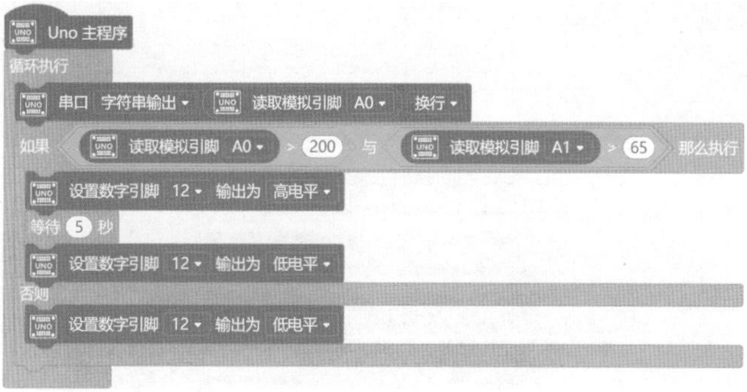

图11-9　声光控LED的电路连接

图11-10　声光控灯程序

循环执行框中，第一行语句的作用为串口数据输出，我们可用串口监视器来查看实时光线强弱，也可改为查看A1数值，即声音的大小。

接下来的程序结构为条件判断，意思是，当条件满足时，接在引脚12上的LED亮5秒后熄灭；否则，接在引脚12上的LED不亮。"如果"这一行语句拼接的条件采用了并列结构，两个条件都要满足，即光线要弱到一定程度，声音要大到一定程度，两者同时满足，缺一不可。

条件判断语句的构建方法是，从"运算符"模块选取语句 　　　，拖放到编程区，继续从"运算符"模块选取语句 　　，拖放在 　　　两边的条件框中，一边放一个。然后在 　　　　　中分别设置好两个条件就行了。

（4）调试与修改。

本例要调试两处，分别是条件中光线强弱值A0和声音大小值A1的比较值数据，可以根据需求测试好具体的数值，最好用串口监视器来帮助确定数值。设置好以后，程序的串口输出语句可删除，它不影响程序执行的效果。

11.3　课后练习

文物报警保护装置报警时只有红灯闪烁，若同步有声音报警就更好了。Mind+的"Arduino"模块中有控制声音播放的语句，如图11-11所示，声音效果可以自由设置。

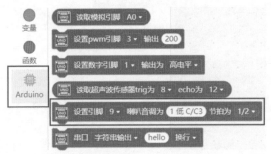

图11-11　控制声音播放的语句

要把声音播放出来，还需使用播放设备，图11-12中的无源蜂鸣器可在Arduino系统中按设定播放出声音。

试试看，将无源蜂鸣器接入文物报警保护装置，并修改程序，要求是当红灯闪烁时同步听到报警声。

图11-12　无源蜂鸣器

第12课 用LCD和OLED显示信息

学习目标
* 认识IIC LCD1602液晶显示屏和IIC 12864OLED液晶显示屏。
* 会用Mind+查找IIC LCD1602液晶显示屏的地址。
* 会用IIC LCD1602液晶显示屏和IIC 12864OLED液晶显示屏显示信息。

器材准备
Arduino UNO板、USB数据线、IIC LCD1602液晶显示屏、IIC 12864OLED液晶显示屏、LED、200Ω定值电阻、超声波传感器、蜂鸣器、面包板、杜邦线。

12.1 预备知识——认识IIC LCD1602液晶显示屏

IIC LCD1602液晶显示屏如图12-1所示,是一种常见的字符液晶显示屏,它能显示16×2个字符。在Arduino中,我们可以很方便地用它来显示英文字母与一些符号。

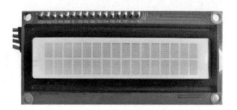

图12-1 IIC LCD1602液晶显示器正面

图12-2为IIC LCD1602液晶显示屏的背面,从图上看,LCD1602液晶显示屏集成了IIC I/O扩展芯片PCA8574,因而使用更为简单。通过两线制的I2C总线,可使Arduino实现控制LCD1602液晶显示屏的目的。SCL、SDA是I2C总线的信号线,SDA是双向数据线,SCL是时钟线。I2C总线既简化了电路,又节省了I/O口,使Arduino能

实现更多的功能。通过模块上的蓝色电位器可以调节LCD显示屏的对比度。

IIC LCD1602液晶显示屏背面的接线针脚有GND、VCC、SDA、SCL,分别接Arduino UNO板上的GND、5V、SDA、SCL引脚。Arduino UNO板上的SDA、SCL引脚在如图12-3所示位置。

图12-2　IIC LCD1602液晶显示屏背面

图12-3　UNO板上的SDA、SCL引脚

12.2　引导实践——在显示屏上显示文字

在IIC LCD1602液晶显示屏第一行显示"hello",第二行显示"mind+!"。

1. 连接电路

本例要用到的主要元件有:1块Arduino UNO板、1个IIC LCD1602液晶显示屏。

直接用公对母杜邦线将显示屏背后的GND、VCC、SDA、SCL针脚,分别连接在Arduino UNO板上的GND、5V、SDA、SCL引脚,电路连接如图12-4所示。

接好线路并通电后,IIC LCD1602液晶显示屏屏幕会亮,若能隐约看到一行或两行16个方块,如图12-1所示,就表示正常;否则,就要用小十字型螺丝刀调节背面的蓝色电位器来改变LCD显示屏的对比度,直到看到方块为止。

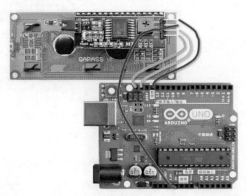

图12-4　IIC LCD1602液晶显示屏的电路连接

2. 查找IIC LCD1602液晶显示屏地址

每个IIC LCD1602液晶显示屏都有自己的地址信息，是以十六进制来表示的，如0x20、0x27等，只有在程序中写对了地址，才能正常显示。一般说明书会提供每个IIC LCD1602液晶显示屏的地址。若找不到地址，可用下列方法在Mind+中查找。

电路连接如图12-4所示。将连接好电路的Arduino UNO板与电脑相连，运行Mind+，切换到"上传模式"，新建一个文件，将Mind+与Arduino UNO板连接好。先通过"扩展"按钮调出"Arduino"模块及其控制语句，再通过"扩展"按钮加载功能模块中的IIC地址扫描模块，如图12-5所示。

图12-5 功能模块中的IIC地址扫描模块

这时在模块区就出现了相应的功能模块，如图12-6所示，只有一条扫描IIC地址的语句。

图12-6 功能模块中的IIC地址扫描语句

然后在编程区编写查找IIC LCD1602液晶显示屏地址的程序，如图12-7所示。

图12-7　串口输出IIC地址程序

将程序上传，单击下方的串口监视器开关按钮，就可看到此IIC LCD1602液晶显示屏的地址为0x3F，如图12-8所示。

图12-8　串口监视器显示IIC LCD1602液晶显示屏地址

3. 编写程序

虽然在"Arduino"模块中找不到控制IIC LCD1602液晶显示屏的语句，但Mind+支持很多适用于Arduino的硬件，如常用的各种传感器、执行器、显示器等，可以通过"扩展"按钮找出要用的硬件模块及控制语句。

单击"扩展"按钮，选择"显示器"页面中的IIC LCD1602液晶显示屏模块，如图12-9所示。

返回后，在模块区就出现了"显示器"模块及IIC LCD1602液晶显示屏的4条控制语句，如图12-10所示。

图12-9 Arduino支持的显示器

图12-10 IIC LCD1602液晶显示屏控制语句

第一条 初始化IIC液晶显示屏 地址为 0x20 是设置显示屏地址的语句，地址一定要设置正确，否则显示屏不能使用。

第二条语句 IIC液晶显示屏在第 1 行显示 hello 可用来在显示屏第1行和第2行顶格显示设定的字符，只需在输入框中输入字符就行了，不能在其中输入汉字，否则在编译和上传时会报错。

第三条语句 IIC液晶显示屏在坐标 X: 0 Y: 0 显示 hello 可用来设定字符的位置。因为IIC

LCD1602液晶显示屏能显示16×2个字符，屏的左上格坐标为（0，0），右下格坐标为（16，2），所以X的设置范围是0～15，Y的设置范围是0～1，超过设置范围时设置值无效，程序运行时自动以最大值来显示。X的最大值为15，Y的最大值为1。

第四条语句【IIC液晶显示屏清屏】用于清屏。在交换显示不同的字符或变量时一定要清屏。

我们要实现的效果是在第一行显示“hello”，第二行显示“mind+!”。编写的参考程序如图12-11所示。

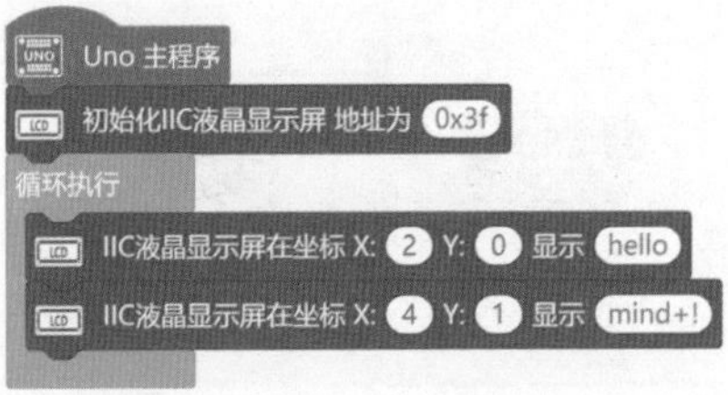

图12-11　IIC LCD1602液晶显示屏显示程序

初始化液晶屏、地址设定只需一次，所以把这一语句放在循环执行框架的外面。循环执行框中的第一条语句是在第一行空2格（一行共16格）后开始显示“hello”，第二条语句是在第二行空4格后显示“mind+!”。

4. 编译上传

将写好的程序进行编译、上传。当提示上传成功后，可看到如图12-12所示的效果。

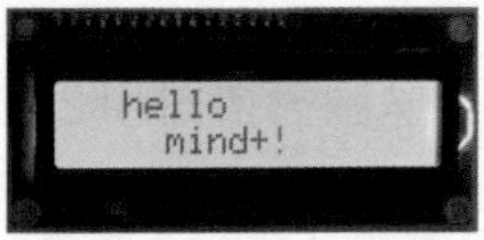

图12-12　IIC LCD1602液晶显示屏显示效果

12.3 深度探究——用IIC LCD1602液晶显示屏显示变量

第11课制作的文物保护装置报警时只有红灯闪烁，若能同步显示距离值那就更直观了。下面，我们就用IIC LCD1602液晶显示屏来动态地实时显示超声波感知的距离。

需要的器材及其电路连接如图12-13所示。

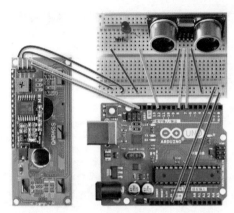

图12-13　距离报警装置的电路连接

将Arduino UNO板的5V和GND引脚扩展到面包板上，超声波传感器Trig针脚接UNO板上的数字引脚8，Echo针脚接UNO板上的数字引脚7。红色LED的正极接UNO板上的12号引脚，负极串联一个电阻后接在扩展到面包板的GND。用公对母杜邦线将IIC LCD1602液晶显示屏背面的SDA、SCL信号线，对应地接在Arduino UNO板上的SDA、SCL引脚，GND、VCC针脚接在扩展到面包板上的插孔中。

在编写程序时，考虑到显示屏显示的距离是一个动态变化的物理量，所以要首先新建一个变量来表示超声波检测的距离。

打开"变量"模块，单击"新建数字类型变量"，建立变量并命名为"juli"，"变量"模块中就有了变量"juli"的相关语句，如图12-14所示。

图12-14　"juli"变量控制语句

编写的加入IIC LCD1602液晶显示屏的文物报警保护装置参考程序如图12-15所示。

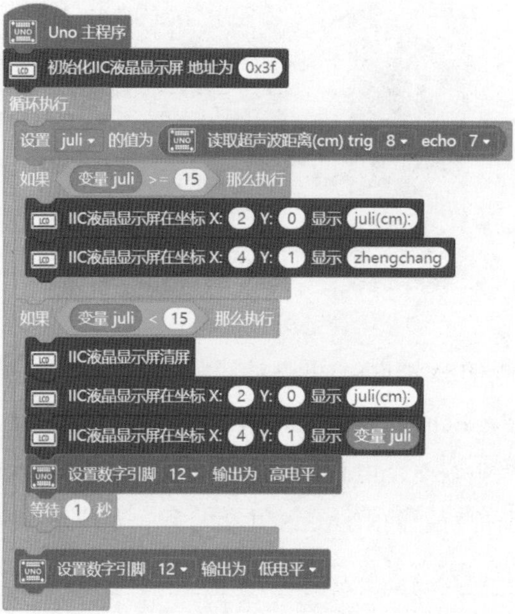

图12-15　文物报警保护装置程序

我们来分析一下这个程序。上面的初始化语句只运行一次，所以放在循环执行框的外面。循环执行框中的主要结构为两个条件判断语句，分别对应两种条件判断为真时的反应。在下方的条件判断语句中应用了等待语句，这样才能使显示屏显示时数据不闪烁，方便观察。在两个条件判断语句的上方有一条给变量"juli"赋值为超声波传感器感知距离的语句；在两个条件判断语句框的下方有一条设置LED为"低电平"的语句，即在正常情况下，报警红色LED不亮。

上传成功后，当障碍物在距超声波传感器15cm（厘米）及以外时，绿色LED亮，显示"zhengchang"，如图12-16所示。

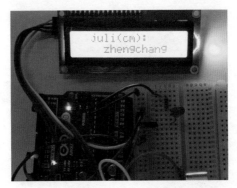

图12-16 IIC LCD1602液晶显示屏显示"zhengchang"

当障碍物在15cm以内时，红色LED亮，显示屏显示障碍物实时的距离，如图12-17所示。

图12-17 IIC LCD1602液晶显示屏显示障碍物实时的距离

12.4 课后练习

在文物保护装置中，用IIC 12864OLED液晶显示屏替代IIC LCD1602液晶显示屏。

IIC 12864OLED显示屏是自发光式的显示模块，采用OLED专用驱动芯片SSD1306控制，如图12-18所示。相比于传统的LCD，OLED具有更快的响应速度和更

零起步玩转 Mind+创客教程——基于Arduino平台

轻薄的体积优势，屏幕厚度小于1mm（毫米），仅为LCD屏幕的1/3左右，并且功耗低，抗震性好，广泛应用于移动设备的显示上。

图12-18　IIC 12864OLED液晶显示屏

IIC 12864OLED液晶显示屏通过控制像素点是否发光来显示字符或图片，显示尺寸为0.96英寸。屏幕以左上角为原点，其坐标为（0，0），水平方向为x轴，垂直方向为y轴，x轴的最大值为128（最右边），y轴最大值为64（最下边）。也就是水平方向上有128个像素，垂直方向上有64个像素。

IIC 12864OLED液晶屏与IIC LCD1602液晶显示屏接线针脚一样，为GND、VCC、SCL、SDA。

Mind+的"显示器"模块中也有IIC 12864OLED液晶显示屏模块及其控制语句，可设置显示汉字、变量等，不需要借助第三方库文件；但固化了字符格式，字符大小限定为16×16，也就是只能显示4行，每行8个汉字。

请你在本节课制作的文物保护装置中，用IIC 12864OLED液晶显示屏替代IIC LCD1602液晶显示屏来显示障碍物的实时距离。

94

第13课 转动风扇

学习目标

✳ 认识130型电动机和L298N电机驱动器。

✳ 会用L298N电机驱动器转动风扇。

器材准备

Arduino UNO板、USB数据线、130型电动机、软扇叶片、
L298N电机驱动器、杜邦线。

13.1 预备知识——认识电动机

1. 认识130型电动机

130型电动机也称微型130马达，如图13-1所示，在3～5V电压下能正常转动。它由定子和转子两个部分构成，有两个接线端，分别接电源正极和负极；可反接，不过转动方向会发生改变。在Arduino中，130型电动机调速也就是调节接线端两端的电压，调节电压是通过PWM来实现的。

给130型电动机装上软扇叶片后就成了风扇，如图13-2所示，如果装上轮子就能用来驱动智能小车。

接线端

图13-1　130型电动机

图13-2　130型电动机风扇

2. 认识L298N电机驱动器

Arduino UNO板的输出能提供的电流很小，点亮LED没问题，但直接驱动电动机和其他功率较大的元件就不行了，若要用到大功率的元件，就需要连接具有放大功能的硬件模块。本例中就要使用图13-3中的L298N电机驱动器来驱动130电动机。

L298N电机驱动器包含4通道逻辑驱动电路，内含两个H桥的高电压、大电流双全桥式驱动器，接收标准TTL逻辑电平信号，可同时驱动两个电动机。

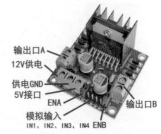

图13-3　L298N电机驱动器

L298N电机驱动器输出口A、B可各接一个电动机。下端共有七个接口，12V供电接口一定要接Arduino UNO板上的5V引脚，供电GND接口接UNO板上的GND引脚。还有一个5V接口一般不用接，但有部分网购的L298N电机驱动器需将此接口与UNO板上的Vin引脚连接。接好后，给UNO板通电，如果L298N电机驱动器上的指示灯亮就表明供电正常。L298N电机驱动器共有两组模拟输入接口，其中ENA与IN1、IN2为一组，驱动输出口A上的电动机；ENB与IN3、IN4为一组，驱动输出口B上的电动机。IN1、IN2、IN3、IN4只能与Arduino UNO板上能够输出PWM值的接口3、5、6、9、10、11引脚相连，用来控制转速。IN1与IN2的作用是给电动机A提供电流，另外一组IN3、IN4的作用是给电动机B提供电流。ENA、ENB叫使能端，上面的跳线帽不能拨出，否则对应的输出接口就没有电流，电动机不会转动。

13.2　引导实践——用L298N电机驱动器使130型电动机风扇转起来

1. 连接电路

本例要用到的主要元件有：1块Arduino UNO板、1个130型电动机、1个软扇叶片、1个L298N电机驱动器。

由于用到的元件较少，接口够用，所以本例不用面包板，直接用杜邦线来连接。电路连接如图13-4所示。

图13-4 L298N电机驱动器和风扇的电路连接

连接时不通电，先连接L298N电机驱动器上的线。

用小十字型螺丝刀将两根公对公杜邦线分别牢固地接在12V供电、供电GND接口内，将接12V供电杜邦线的另一头插入Arduino UNO板上的5V引脚，接供电GND杜邦线的另一头插入GND引脚。

用小十字型螺丝刀将两根公对公杜邦线牢固地接在输出口A的两个接口中，另一头接在130型电动机两端，最好焊接。

由于我们只有一个风扇，占用的是输出口A，所以模拟输入口只需接IN1与IN2。用公对母杜邦线将IN1与UNO板上的引脚3、IN2与UNO板上的引脚5分别连接好。

检查电路，确保连接无误后才能用USB线连接电脑。

2. 编写程序

运行Mind+，切换到"上传模式"，新建一个文件，将Mind+与Arduino UNO板连接好，通过"扩展"按钮调出"Arduino"模块及其控制语句。

前面我们使用LED时，都是将负极接在GND引脚，正极接在数字或模拟引脚，电流从GND引脚流出，其实通过Arduino UNO板的PWM功能可以任意设定电流的方向。图13-5为转动风扇的程序，将3号引脚的值设为0，5号引脚的值设为150，方波带宽为150，这样在两个引脚之间就会产生电压，5号引脚相当于正极，3号引脚相当于负极。

图13-5 转动风扇程序

3. 编译上传

将上面的程序进行编译、上传。当提示上传成功后，可看到风扇转动的效果。

13.3 深度探究——通过调整参数来改变风扇的转动方式

1. 转动方向的改变

反向转动风扇的程序如图13-6所示，将3号引脚的值设为150，5号引脚的值设为0，方波带宽为150，这样在两个引脚之间就会产生电压，电流会从3号引脚流向5号引脚。3号引脚相当于正极，5号引脚相当于负极。

上传此程序后，风扇会改变转动方向。

2. 转动速度的改变

加速转动风扇的程序如图13-7所示，将3号引脚的值改为200，则3号与5号引脚方波宽带为200，产生的电压变大，这样电路中的电流就变大，风扇就转得快。

图13-6 反向转动风扇的程序

图13-7 加速转动风扇的程序

上传此程序后，可观察到风扇比之前转得快。

3. 使转动的风扇停止

要想让风扇转动10秒后自动停止，可使用图13-8中的程序。

图13-8 转动和停止风扇的程序

图13-8中的程序将循环执行框删除了，这样从第一句执行到最后一句后，程序就会停止，达到停止风扇转动的目的。延时语句后面将3号、5号引脚的值都改为0，这样在两个引脚间方波带宽为0，不会产生电压，所以风扇就会停止转动。能不能将3号、5号引脚的值都改为150呢？可以。这时两个引脚间方波带宽也为0，风扇同样会停止转动，但这样做对L298N电机驱动器的损害较大，最好不要尝试。

13.4 课后练习

根据用按钮开关控制LED亮和灭的方法，尝试用按钮开关来控制风扇的转动与停止。

第14课 调挡风扇

14.1 预备知识——家用调挡风扇

家用调挡风扇简称风扇，也称电扇，是一种利用电动机驱动扇叶旋转，使空气加速流动的家用电器，主要用于清凉解暑。风扇主要由电动机、叶片、网罩和控制装置等部件组成。

家用调挡风扇都是用控制风扇转动速度的方法来改变空气流动的速度。常见的几种家用调挡风扇如图14-1所示，它们分别采用按钮、旋钮、遥控等操作方式来改变挡位，从而调整风扇转动的速度。

按钮调挡风扇　　旋钮调挡风扇　　遥控调挡风扇

图14-1　家用调挡风扇

按钮调挡风扇用4个按钮来控制风扇的转动速度，其中1个为停止按钮，另外3个按钮分别标有1、2、3字样（也有用图形来区别的）。当分别按1、2、3号按钮时，风扇转动的速度会做相应调整；在风扇转动的过程中，按下停止按钮时，风扇会停止转动。

旋钮调挡风扇上一般有2个旋钮，其中1个为定时设定旋钮，另1个为调挡旋钮。调挡旋钮上有停止、1、2、3等挡位，可以通过旋转旋钮切换挡位来改变风扇的转动速度。

遥控调挡风扇可以在8m（米）以内，通过遥控器来控制风扇的转动速度而不触碰风扇。遥控器上有停止和不同转速挡位的控制按钮，当按下不同的按钮时，遥控器会发射相应的红外信号，风扇上的红外接收模块接收到这个信号后，风扇控制系统就会按指令使风扇转动或停止。

14.2 引导实践——用3个按钮开关做调挡风扇

调挡风扇要达到的效果是：在任何情况下，按第一个按钮时，风扇转速小；按第二个按钮时，风扇转速大；按第三个按钮时，风扇停止转动。

1. 连接电路

本例要用到的主要元件有：1块Arduino UNO板、1个130型电动机、1个软扇叶片、1个L298N电机驱动器、3个按钮开关。

将Arduino UNO板的5V和GND引脚扩展到面包板，如图14-2所示，5V引脚用杜邦线接在"+"这一排，GND引脚用杜邦线接在"−"这一排。

L298N电机驱动器的12V供电、供电GND接口分别接在面包板上的"+""−"排中，IN1与UNO板上的引脚3、IN2与UNO板上的引脚5分别连接好，输出口A的两个接口分别与130型电动机两端的接线片相连。

本例中，我们用了3个按钮开关，红色的为停止，蓝色的为低速，绿色的为高速。将它们插在面包板上，如图14-1所示，各按钮开关的VCC针脚分别接在"+"排上、GND针脚接在"-"排上，红、蓝、绿色按钮开关的OUT针脚分别接在UNO板的12、10、8号引脚。

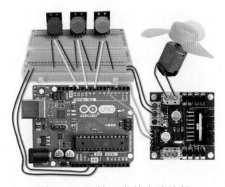

图14-2　调挡风扇的电路连接

连接后一定要检查电路，确保无误后才能用USB线连接电脑。

[2.] **编写程序**

运行Mind+，切换到"上传模式"，新建一个文件，将Mind+与Arduino UNO板连接好，通过"扩展"按钮调出"Arduino"模块及其控制语句。

第13课中我们通过Arduino UNO板的PWM，给3号和5号引脚设置不同的值，产生了方波带宽，使得这两个引脚之间产生电压，于是风扇就转动了。不同的方波带宽，风扇的转速不同，如果方波带宽为0，风扇就不会转动。

本例我们用三个并列的条件判断语句实现用3个按钮开关调速的效果。编写的参考程序如图14-3所示。

红色按钮开关的OUT针脚接的是Arduino UNO板的12号引脚，第一个条件判断语句的意思是当按下红色按钮时，3号、5号引脚的输出值都是0，方波带宽为0，两引脚之间的电压为0，风扇不会转动；

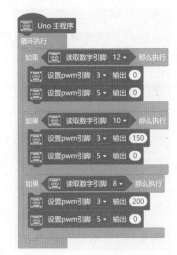

图14-3　用3个按钮做调挡风扇的程序

蓝色按钮开关的OUT针脚接的是

Arduino UNO板的10号引脚，第二个条件判断语句的意思是当按下蓝色按钮时，3号引脚的输出值是150，5号针脚的输出值是0，方波带宽为150，两引脚之间会产生电压，风扇就会转动；绿色按钮开关的OUT针脚接的是8号引脚，第三个条件判断语句的意思是当按下绿色按钮时，3号引脚的输出值是200，5号引脚的输出值是0，方波带宽为200，两引脚之间会产生较高电压，风扇会转动得快些。

程序中的三个条件判断语句由于是并列关系，所以可改变顺序而不影响效果。还要注意，模拟引脚输出值范围为0～255，但驱动电动机转动的方波带宽最小值一定要大于100，否则电动机可能转不动。

3. 编译上传

将上面的程序进行编译、上传。当提示上传成功后，试着用按钮来调整风扇的转速。

14.3 深度探究——用1个按钮开关做调挡风扇

前面用3个按钮开关做出了调挡风扇，其实用1个按钮开关也能做出调挡风扇。在用3个按钮开关制作调挡风扇电路的基础上，保留绿色的按钮开关，使其OUT输出端与UNO板的 8 号引脚相连，如图14-4所示。

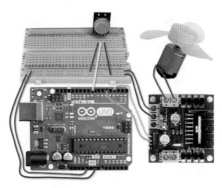

图14-4 用1个按钮开关制作调挡风扇的电路连接

用1个按钮开关控制风扇的程序中应用了变量及4层嵌套语句，如图14-5所示。

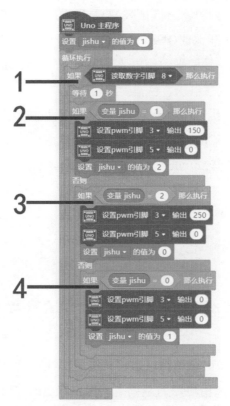

图14-5　用一个按钮控制风扇的程序

程序第一条语句 设置 jishu▼ 的值为 1 是给变量赋值为1。

嵌套1为最外层（不含循环执行框），由只有"那么执行"一条路径的条件语句构成。当第一次按下按钮时，8号引脚是高电平，条件为真，会运行"那么执行"中嵌套2的条件判断语句。

嵌套2的条件判断语句有"那么执行"和"否则"两条路径。当第一次按下按钮时，会执行本语句。由于变量jishu在程序第一条语句就赋值为1了，条件当然为真，于是"那么执行"中的语句会运行，风扇就会开始转动。然后给变量jishu赋值为2，此时风扇不会停止，会继续转动。

当再次（第二次）按下按钮时，这时变量jishu的值为2，则不会运行嵌套2"那么执行"中的语句了，而是执行"否则"中的嵌套3条件判断语句。这时变量jishu的值为2，条件满足，则"那么执行"中的语句会运行，风扇转速会变大。然后给变量jishu赋值为0，但这不会影响风扇的转动。

这时再（第三次）按下按钮，变量jishu的值已不是2了，所以嵌套3的条件不为真，就会运行嵌套3"否则"中的嵌套4的条件判断语句。这时jishu的值为0，条件成立，运行嵌套4"那么执行"中的语句，风扇停止转动。然后给变量jishu赋值为1，返回到循环执行框的第一条语句，这样就做到了循环运行。

上面的程序分析，实际上说的是算法的巧妙应用，在编写程序时，算法用得好，可解决很多技术难题。

14.4 课后练习

根据用1个按钮开关做2挡调速风扇的方法，尝试用1个按钮开关做3挡调速风扇。

第15课 温控风扇

学习目标

✳ 认识LM35DZ温度传感器。

✳ 会使用LM35DZ温度传感器控制风扇。

器材准备

Arduino UNO板、USB数据线、130型电动机、软扇叶片、
LM35DZ温度传感器、L298N电机驱动器、面包板、杜邦线。

15.1 预备知识——认识LM35DZ温度传感器

LM35是由美国国家半导体公司（National Semiconductor）生产的温度传感器，是一种得到广泛使用的温度传感器。图15-1中的LM35DZ温度传感器能够测量0～100摄氏度的温度，可以直接与Arduino UNO板的模拟输入引脚（A0～A5）相接。

LM35DZ温度传感器连接上Arduino UNO板后，在程序的控制下可以随温度变化而产生不同的电压，温度与电压的关系为线性关系。0℃时输出0伏，每升高1℃，输出电压增加10mV。

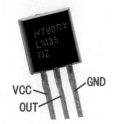

图15-1　LM35DZ
温度传感器

15.2 引导实践——设计温控风扇

设计温控风扇，当温度高于35℃时，风扇转动，否则停止。

1. 连接电路

本例要用到的主要元件有：1块Arduino UNO板、1个130型电动机、1个软扇叶

片、1个L298N电机驱动器、1个LM35DZ温度传感器、1块面包板。

利用面包板对Arduino UNO板的5V和GND引脚进行扩展，如图15-2所示。5V引脚用杜邦线接在"+"这一排，GND引脚用杜邦线接在"-"这一排。先连接LM35DZ温度传感器，将其三个针脚按图插入面包板中，中间的OUT针脚用杜邦线接入Arduino UNO板上的A0引脚，VCC针脚接入"+"这一排，GND针脚接入"-"这一排（VCC和GND不要接反了，LM35DZ温度传感器有一面是平面的，上面有文字，左边的针脚是VCC，右边的是GND，中间的是OUT）。

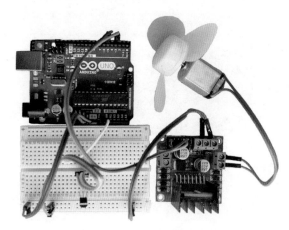

图15-2　温控风扇的电路连接

用小十字型螺丝刀将两根公对公杜邦线牢固地接在L298N电机驱动器的12V供电、供电GND接口内，对应地将连接12V供电接口的杜邦线的另一头插入面包板上的"+"这一排，连接供电GND接口的杜邦线的另一头插入"-"这一排。

用小十字型螺丝刀将两根公对公杜邦线牢固地接在输出口A的两个接口中，另一头接在130型电动机两端，最好焊接。

我们只利用了L298N电机驱动器的输出口A，所以只需用模拟输入口IN1与IN2。用公对母杜邦线将IN1输入口与UNO板上的引脚5、IN2输入口与UNO板上的引脚3分别连接好。

连接好后一定要检查电路，确保无误后才能用USB线将其连接到电脑上。

2. 编写程序

运行Mind+，切换到"上传模式"，新建一个文件，将Mind+与Arduino UNO板连接好，通过"扩展"按钮调出"Arduino"模块及其控制语句。

本例的设计目标为：当温度高于35℃时，风扇转动，否则不转动。所以，我们要用到条件判断语句，为使语句简练，还可声明变量。完整的程序如图15-3所示。

图15-3 温控风扇的程序

LM35DZ温度传感器的信号输出端OUT接的是Arduino UNO板上的A0引脚，由于Arduino模数转换器（ADC）的分辨率为1024位，UNO板电压为5V，因此根据ADC值计算实时的温度值为5×传感器输出的数值/1024×100，简化为（5×传感器输出的数值）/10.24。

"wendu"数字变量 是通过"变量"模块新建的。

循环执行框的第一条语句 是给变量"wendu"赋值为获取的实时温度，其中语句 是由图15-4中"运算符"模块的运算语句与硬件控制语句组合而成。

第二条语句 用来通过串口查看实时温度值。

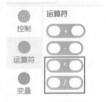

图15-4 运算语句

接下来的条件判断语句中，条件为温度高于35℃，即 大于35。条件达到时，设置5号引脚的值输出为150，3号引脚的值输出为0，方波带宽为150，这样两个引脚之间就会产生电压，这时有电流通过，风扇就会转动；若条件没达到，将5号和3号引脚输出的值都设为0，则方波带宽为0，这样两个引脚间不会产生电压，风扇不会转动。

3. 编译上传

将上面的程序进行编译、上传。当提示上传成功后，软硬件会正常运行。可打开如图15-5所示的串口监视器查看实时温度，方便调整程序中的设定温度值。

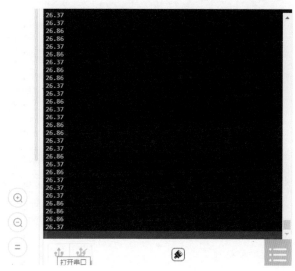

图15-5 用串口监视器查看实时温度

15.3 深度探究——设计随气温高低自动调整转速的风扇

我们再来设计一个温控风扇，当气温达到一定值时，风扇会转动，并能根据气温的变化自动调整转动的速度：气温高，转动快；气温低，转动慢；当气温低于一定值时，风扇停止转动。

要达到这个目的，只需在前面程序的基础上进行简单的修改。修改后的程序如图15-6所示。

图15-6　调整后的温控风扇程序

从上面的程序可以看出，我们将前例中 设置pwm引脚 5▾ 输出 150 的固定值150改为 变量 wendu ▾ 4 ，即实时温度的4倍，这样该引脚的输出值就会随着气温的变化而变化，而方波带宽也会随之变化。当气温变高时，方波带宽变大，电压变高，风扇转的就快；反之，转的就慢。

15.4　课后练习

尝试用声音传感器控制风扇的转动，要求达到的效果为：声音大，转速大；声音小，转速小。

第16课 用按钮控制舵机

16.1 预备知识——认识舵机

舵机是一种电动机，如图16-1所示，它使用一个反馈系统来控制电机的位置。在Arduino UNO板上可使用9g舵机，它可以根据指令旋转0°～180°，然后精准地停下来。转动的角度是通过调节PWM信号的占空比来实现的，需要使用Arduino UNO板上的PWM接口（数字前带"～"的3、5、6、9、10、11引脚）来控制。9g舵机有3个引脚接口，中间的红色线接UNO板上的5V引脚，棕色线接UNO板的GND引脚，黄色线接UNO板上具有PWM功能的引脚。Arduino UNO板的驱动能力有限，当需要控制1个以上的舵机时，另外的舵机要接外部电源。

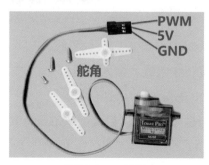

图16-1　9g舵机

111

16.2 引导实践——用按钮开关使舵机转动到设定的角度

1. 连接电路

本例要用到的主要元件有：1块Arduino UNO板、1个按钮开关、1个9g舵机、1块面包板。

用面包板扩展Arduino UNO板上的5V和GND引脚，如图16-2所示，5V引脚用杜邦线接在"+"这一排，GND引脚用杜邦线接在"-"这一排。先连接按钮开关，将其三个针脚按图插入面包板中，中间的OUT端口通过杜邦线接入Arduino UNO板上的4号数字引脚，左边的VCC端口通过杜邦线接入"+"这一排，右边的GND端口通过杜邦线接入"-"这一排。

图16-2 用按钮开关控制舵机的电路连接

用公对公杜邦线将舵机GND引脚接口（棕色线）接入面包板上"-"这一排任一接口，将舵机VCC引脚接口（红色线）接入面包板上"+"这一排任一接口，将PWM引脚接口（黄色线）接入UNO板上的9号数字引脚。

对照图16-2检查电路连线，确保无误后再用USB线将其连接至电脑。

2. 编写程序

运行Mind+，切换到"上传模式"，新建一个文件，将Mind+与Arduino UNO板连接好，通过"扩展"按钮调出"Arduino"模块及其控制语句。

本例的设计目标为：当按下按钮时，舵机转动，到设定的角度时停止。

在Mind+中，"Arduino"模块中没有针对舵机的控制语句，舵机的控制语句要通过扩展硬件方式找出来：打开扩展界面，从"执行器"中选择"舵机"模块，如图16-3所示。

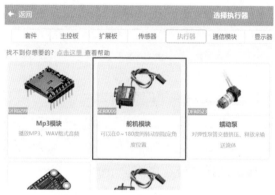

图16-3　选择舵机模块

之后在模块中就会出现"执行器（舵机）"模块，控制语句只有一条 设置 9▼ 引脚伺服舵机为 90 度。该语句引脚号只能从3、5、6、9、10、11中选择一个，默认为9，一般不需更改；角度值为0°～180°。

编写好的程序如图16-4所示。

图16-4　用按钮开关控制舵机的程序

舵角只能在0°～180°转动，把角度值设为180，当按下按钮后，舵角转180°后停止。"等待"框中的时间为转动的时间。

3. 编译上传

将上面的程序进行编译、上传。当提示上传成功后，可按下按钮开关，舵角转到180°（与原位置相反）时停止。

16.3 深度探究——用按钮开关控制舵机在 0°～180°循环转动

Arduino中的按钮开关不同于物理中的普通电路开关。普通的开关在按下时，电路连通后不会主动断开，只有再按一次才会断开；而Arduino中的按钮开关只有按下时才形成电路通路，不按时（即弹起），电路就断开了。如果像上面的例子一样，控制元件的变化需始终按住按钮，这样是没有应用价值的。

因此，运行上面的程序时，当按一下按钮，可使舵机转动一定的角度，但停止后不再转动。

下面我们再来写一个程序，在硬件及其电路连接不变的情况下，用按钮控制舵机在0°～180°循环转动，要达到的目标为：当按下按钮后，舵机能在0°～180°循环转动；再次按下按钮时，舵机停止转动。

编写好的程序如图16-5所示。

程序中应用了变量jishu，通过控制按钮来改变变量jishu的值，将变量jishu的值作为舵机运动变化的条件，从而控制舵机的转动。

标注1中的条件判断语句程序块是给变量jishu赋值的，此处使用了三层嵌套形式，对两次按下按钮的作用进行了设置。

标注2中的条件判断语句程序块是使舵机在0°～180°转动，当变量jishu的值为2时，舵角就会在0°～180°循环转动。

标注3中的条件判断语句程序块是使舵机停止转动，当变量jishu的值为0时，舵角转动回到0度的初始位置，然后给变量jishu赋值为1，这样就相当于返回程序第一条语句，起初始化的作用。

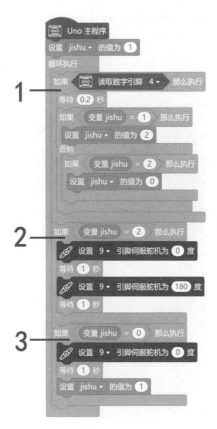

图16-5 用按钮开关控制舵机的程序

当第一次按下按钮时，外层条件判断语句条件为真，执行中层条件判断语句。由于变量jishu初始值为1，条件满足，因此给变量jishu赋值为2，这时标注2中的条件判断语句满足，于是舵角会在0°～180°循环转动。

当再次按下按钮时，外层条件判断语句条件为真，执行中层条件判断语句。由于变量jishu值这时为2，条件不满足，因此会执行"否则"中的语句，即执行内层条件判断语句。此时变量jishu值为2，条件满足，给变量jishu赋值为0。这时标注3中的条件判断语句满足，舵角转动回到0度的初始位置，给变量jishu赋值为1，返回循环执行的第一条语句。

将程序上传后就可方便地用按钮开关控制舵机的转动与停止了。

16.4 课后练习

本课中通过变量巧妙地改变了按钮开关的功能，请你尝试用按钮来控制LED，要求达到的效果为：当按下按钮时LED亮，再按一下时LED灭。

第17课 风扇的创意设计

学习目标

* 会使用舵机和电位器制作摇头无级调速风扇。
* 逐步掌握创意设计的方法。

器材准备

Arduino UNO板、130型电动机、软扇叶片、按钮开关、舵机、电位器、L298N电机驱动器、USB数据线、杜邦线、面包板。

17.1 预备知识——摇头无级调速风扇创意设计思路

前面几节我们应用Mind+通过Arduino平台设计了一些作品，体验到了Arduino强大的造物功能。其实生活中很多电子产品都是可以用Arduino来模拟出相同效果的。我们要多观察生活中的电子产品，用我们学到的知识去理解它们功能的实现方式，看看用我们掌握的知识能否做到。最好能发现它们的缺陷，并找到解决问题的方法。经常这样去思考问题，我们的进步就会越来越大。

本节课要完成的是摇头无级调速风扇，我们怎么来设计呢？

前面我们已做过调挡风扇，调挡风扇的3个挡位实际上是固定的，也就是说风速是固定的。如果能做出无级调速的风扇是不是更好？能不能做出来？肯定是能的。前面我们设计过用电位器无级调节LED亮度的作品，同样，可以采用PWM方式，用电位器来调节风扇的转动速度。

生活中的家用风扇不仅能调挡，还能摇头。第16课我们学过用按钮控制舵机的转动，能不能把电动机绑在舵机上，使舵机转动，风扇也转动？肯定也是能的，那这不就是摇头风扇吗？

这样，我们就完成了摇头无级调速风扇的创意设计过程。

17.2 引导实践——设计用电位器无级调节转速 的风扇

1. 连接电路

本例要用到的主要元件有：1块Arduino UNO板、1个130型电动机、1个软扇叶片、1个L298N电机驱动器、1个电位器、1块面包板。

用面包板扩展Arduino UNO板的5V和GND引脚，如图17-1所示，5V引脚用杜邦线接在"+"这一排，GND引脚用杜邦线接在"−"这一排。先连接电位器，将其三个针脚插入面包板中，中间的OUT端口通过杜邦线接入Arduino UNO板上的A0模拟输入引脚，左边的VCC端口通过杜邦线接入"+"这一排，右边的GND端口通过杜邦线接入"−"这一排。

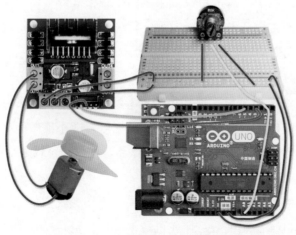

图17-1　无级调速风扇的电路连接

用小十字型螺丝刀将两根公对公杜邦线牢固地接在L298N电机驱动器的12V供电、供电GND接口内，对应地将接在12V供电接口杜邦线的另一头插入面包板上的"+"这一排，接在供电GND接口杜邦线的另一头插入"−"这一排。

用小十字型螺丝刀将两根公对公杜邦线牢固地接在输出口A的两个接口中，另一头接在130型电动机两端，最好焊接。

我们只利用了输出口A，所以模拟输入口只需用IN1与IN2。用公对母杜邦线将IN1与UNO板上的引脚5、IN2与UNO板上的引脚3分别连接好。

对照图17-1检查电路连线，确保无误后才能用USB线连接电脑。

2. 编写程序

运行Mind+，切换到"上传模式"，新建一个文件，将Mind+与Arduino UNO板连接好，通过"扩展"按钮调出"Arduino"模块及其控制语句。

本例的设计目标为：开始风扇是不转的，当转动电位器上的旋钮时，风扇开始转动，并且风扇转速随旋钮转动角度而同步改变。完整的程序如图17-2所示。

图17-2 无级调速风扇的程序

本例程序只有两条语句，第一条语句将3号引脚的输出值设为固定值0，第二条语句将5号引脚的输出值设为从模拟输入A0引脚获取的电位器的实时变化值。由于A0获取的值为0~1023，而PWM输出的值为0~255，所以使用了数据映射语句，即当A0的值为0时，5号引脚输出的值为255；当A0的值为1023时，5号引脚输出的值为0，中间的值会按比例变化。也就是当旋转旋钮时，5号引脚的值会随时变化，方波带宽也会随之变化，在3号、5号两个引脚之间就会产生不同的电压，风扇转速就会变化。若旋钮转到A0的值为1023时，5号引脚输出的值为0，则方波带宽为0，这时两个引脚间不会产生电压，风扇会停止。

3. 编译上传

将上面的程序进行编译、上传。当提示上传成功后，转动电位器旋钮，可看到风扇转速发生相应的变化。

17.3 深度探究——设计摇头无级调速风扇

将风扇固定在舵机舵角上，做一个摇头无级调速风扇。

本例设计要达到的目标是：当按下按钮后，整个风扇在0°～180°循环转动，可用电位器调节风扇的转速。

首先要做一个结构连接，如图17-3所示，将十字形舵角用扎线紧紧地绑在130电动机无接线片的平面上，然后将舵角插在舵机上。

实物及电路连接如图17-4所示，实际上就是将第16课用按钮开关控制舵机和本节用电位器控制风扇的电路组合起来。

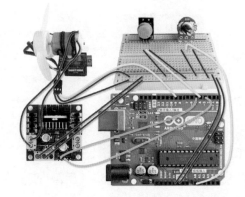

图17-3 将风扇绑在舵角上　　　　图17-4 摇头无级调速风扇的电路连接

连接用到的杜邦线有17根，较复杂，一定要检查电路，确保无误后再连接电脑。

控制硬件的程序很好编写，就是将第16课用按钮开关控制舵机的程序和本节用电位器控制风扇的程序组合在一起。编写好的程序如图17-5所示。

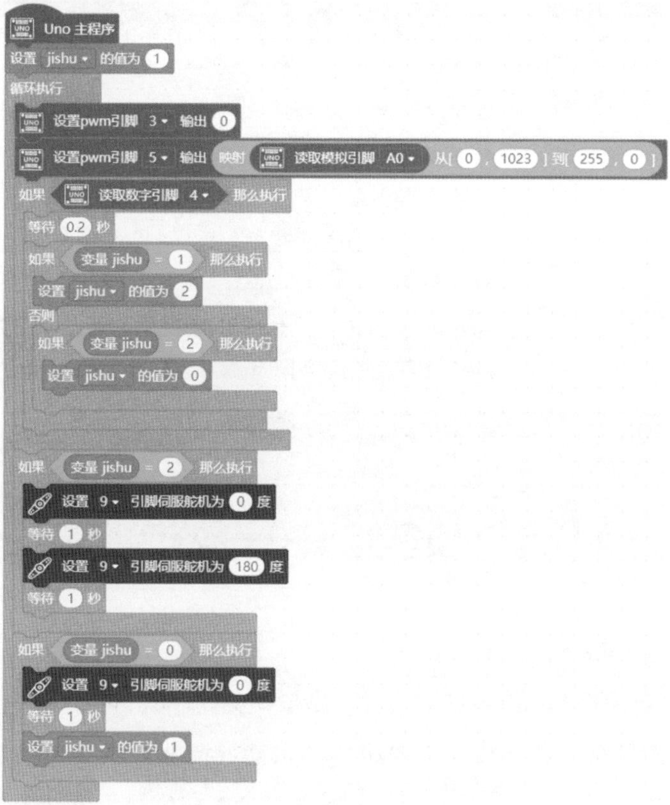

图17-5 摇头无级调速风扇的程序

将上面的程序上传。上传成功后，就可用电位器和按钮开关操作摇头风扇了。

17.4 课后练习

日常生活中的落地调挡风扇常用1个按键控制是否摇头，3个按键用来换挡。你能运用前面所学的知识做出来吗？试试看。

第18课 小车自由行

学习目标

* 理解小车运动的原理。
* 会组装小车。
* 能使小车自由行走。

器材准备

Arduino UNO板、L298N电机驱动器、USB数据线、杜邦线、2WD1622两轮智能小车套装（含车架、车轮、电动机、电池盒等）。

18.1 预备知识——认识小车

1. 了解小车电路原理

前面我们学会了用Arduino UNO板和L298N电机驱动器设计风扇，也就是控制了一个130电动机的转动。其实L298N电机驱动器能同时驱动两个电动机，如图18-1所示，可以在L298N电机驱动器输出口A、B各接一个电动机，来驱动小车运动。

图18-1　驱动小车运动的元件及电路连接

从图18-1中可以看出，UNO板上6号、9号PWM引脚与L298N电机驱动器上的模拟输入口IN2、IN1相连，控制左边的电动机；UNO板上3号、5号PWM引脚与L298N电机驱动器上的模拟输入口IN4、IN3相连，控制右边的电动机。由于小车要运动，不可能始终用USB线与电脑连接，所以要配置专门的电源来供电。当上传完成并拔出USB线后，上传到UNO板中的程序仍保存在芯片中，能控制硬件的反应。

2. 了解2WD1622两轮智能小车套装

图18-2为标准的2WD1622两轮智能小车套装，小车长22cm，宽16cm，主要部件为1个车架、2个130齿轮马达、2个车轮、1个万向轮和一些紧固件，以及1个电池盒。

图18-2　2WD1622两轮智能小车套装

130齿轮马达是驱动小车的重要元件，外形大致是一个长方体，如图18-3所示。马达中的电动机一侧有两个铜接线片，同侧有一个白色的驱动轴，用于连接车轮。

拆开130齿轮马达，可以看到其组成为一个130电动机和一组减速齿轮，如图18-4所示。这些齿轮的作用是将电动机转动的高速度转化为小车需要的低速度。

图18-3　130齿轮马达

图18-4　130齿轮马达内部结构

18.2 引导实践——组装小车

组装小车，让小车动起来。

1. 连接电路

本例要用到的主要元件有：1块Arduino UNO板、1个L298N电机驱动器、1套2WD1622两轮智能小车套装。

（1）组装小车。

组装前，先要把两个130齿轮马达上的电线接好，最好焊接，并用胶将电线固定好，如图18-5所示。

用紧固薄片和螺杆将马达固定好。要注意，两个电动机的接线都要放在内侧，万向轮用螺杆安装在马达的车架后方，最后安装好车轮就行了。组装好的车体如图18-6所示。

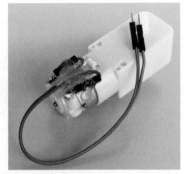

图18-5 焊接130齿轮马达电线

（2）电路连接。

将小车放平，可将UNO板卡在中间位置，L298N电机驱动器放在后方，用透明胶带固定。连接好的电路如图18-7所示。

图18-6 组装好的车体

图18-7 小车电路连接

连线时，以L298N电机驱动器为终点，先将两个马达的驱动线分别接在输出口A和输出口B上。再将UNO板上的9、6、5、3引脚分别与模拟输入口IN1、IN2、IN3、IN4相连。最后，将UNO板上的5V、GND引脚与12V供电、GND供电端口相连。

检查电路并确认无误后，才能用USB数据线将UNO板与电脑相连，继而编写程序。

2. 编写程序

运行Mind+，切换到"上传模式"，新建一个文件，将Mind+与Arduino UNO板连接好，通过"扩展"按钮调出"Arduino"模块及其控制语句。

本例的设计目标很简单，就是让车轮转动，使小车能向前运动。完整的程序如图18-8所示。

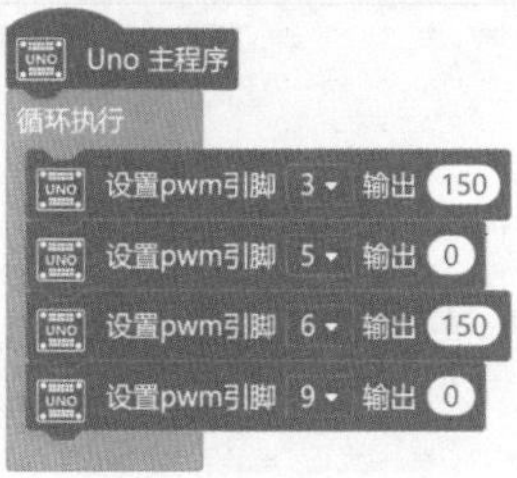

图18-8 使小车向前运动的程序

设定的3号、5号引脚间方波带宽为150，通过L298N电机驱动器的模拟输入口IN3、IN4控制接在输出口B的马达。同样，6号、9号引脚间方波带宽也为150，通过模拟输入口IN1、IN2控制接在输出口A的马达。

3. 编译上传

在上传程序前，要用手将小车拿起来，离开桌面，先调试车轮的转动。可能出现车轮与板子之间接触，产生摩擦，车轮转不动的情况，这时就要稍微调整一下车轮的位置。也可能出现车轮一正一反转，出现这种情况时，可以不改连线，将程序中3号、5号引脚的数据交换，或将6号、9号引脚的数据交换，再上传就可以了。

将程序写入UNO板调试好后，拔出USB数据线，将装上新电池的电池盒输出端插入UNO板的直流输入插孔，如图18-9所示，将小车放在地上，小车就会向前直行了。

图18-9　直行小车

18.3　深度探究——小车能前后左右自由行走

本例的设计目标是：小车前进一段距离后再后退一段距离，然后向左转前进一段距离再后退一段距离，最后向右转前进一段距离再后退一段距离，循环此运动方式。

完整的程序如图18-10所示。

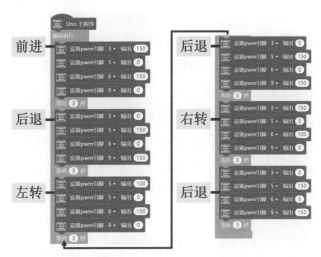

图18-10　小车自由行的程序

图18-10中的两段程序要按箭头标示拼接完整，语句一定要按此顺序运行，才能达到要求的效果。程序旁的标注标明了每一段的作用。

在程序中，"后退"动作只是在"前进"动作的基础上交换了3号和5号引脚、6号和9号引脚的赋值，PWM就会产生与"前进"动作相反的电流方向，马达的运动方向就会改变，从而小车就会向后运动。

"左转"动作是在"前进"动作的基础上将3号引脚赋值为100，这样控制左轮的3号与5号引脚之间的方波带宽为100，小于控制右轮的6号与9号引脚之间的方波带宽150，即左轮速度会小于右轮速度，小车就会向左前方运动。

"右转"的程序语句与"左转"的相反，是将6号引脚赋值为100，相应地，小车就会向右前方运动。

将程序上传到UNO板，调试好后，拔出USB数据线，将装上新电池的电池盒输出端插入UNO板的直流输入插孔。将小车放在地上，小车就会按设定的路线行驶了。

18.4　课后练习

在调试的时候，小车有时会出现直行不走直线的问题，可能与地面、轮子、马达等有关，这时就需要根据实际情况来调整4个引脚的赋值，不断地测试。请你根据小车的运行情况，调整程序中的赋值，达到自己满意的效果。

第 19 课 遥控小车

19.1 预备知识——红外遥控器套件和杜邦线

1. 理解红外遥控器套件的工作原理

红外遥控器套件由红外遥控器和红外接收头组成，如图19-1所示。

图19-1 红外遥控器套件

红外遥控器的核心元件是编码芯片，需要实现的操作指令事先编码并保存在芯片上。当按下遥控器上任一按键时，遥控器即产生一串脉冲编码。遥控编码脉冲对40kHz载波进行脉冲幅度调制（PAM）后便形成遥控电信号，电信号驱动红外发光二极管，将电信号变成光信号发射出去。

在接收端，红外接收头通过光电二极管将红外线光信号转成电信号，经放大、整形、解调等步骤，最后还原成原来的脉冲编码信号，完成遥控指令的传递。

红外线发射管通常的发射角度是30°～45°，角度大距离就短，反之亦然。遥控器沿光轴的遥控距离可达8.5米，偏离光轴的角度越大，遥控距离就越短。

2. 制作一分多杜邦线

Arduino UNO板上的5V引脚只有一个，在接入多个需要供电的元件时往往不够用，前面我们是通过面包板进行扩展的，也可以制作一分多杜邦线来解决此问题。

我们取三根相连（联排）的公对母杜邦线，从中间将旁边两根剪断，只保留中间的一根；将中间线的中间位置破皮，剥去一小段绝缘皮，保留里面的铜丝，操作时要小心，以免损坏铜丝；然后将旁边的两根线也剥去一小段绝缘皮，保留铜丝，将两旁的铜丝紧紧缠绕在中间线的铜丝上（最好焊接）；最后，用绝缘胶布把铜丝部分绑紧，如图19-2所示。一分多杜邦线可用于扩展5V或GND引脚。

图19-2　制作一分三杜邦线

19.2　引导实践——获取红外遥控器发射的编码

1. 连接电路

本例要用到的主要元件有：Arduino UNO板、红外遥控器和红外接收头。

本例的电路连接较简单，如图19-3所示。

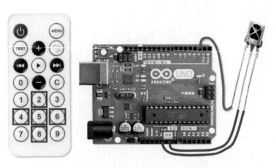

图19-3　红外遥控器组件的电路连接

红外接收头的OUT针脚接UNO板上的2号引脚，VCC针脚接5V引脚，GND针脚接UNO板上的GND引脚。我们要用到遥控器上的2、4、5、6、8这5个按键。

2. 编写程序

将连接好电路的Arduino UNO板与电脑相连，运行Mind+，切换到"上传模式"，新建一个文件，将Mind+与Arduino UNO板连接好，通过"扩展"按钮调出"Arduino"模块及其控制语句。

本例的设计目标是：当分别按遥控器上的2、4、5、6、8号键时，通过串口监视器分别查看每个按键产生的代码。

从"Arduino"模块中将串口输出语句 [串口 字符串输出 ▾ hello 换行] 拖放到循环执行框中，将红外接收语句 [读取红外接收模块 数字引脚 2 ▾] 拖放到串口输出语句输入框处，替换掉"hello"。写好的程序如图19-4所示。

图19-4　获取按键代码程序

3. 编译上传

将程序上传到UNO板后，打开串口监视器。按遥控器上的2号键，就显示出编码"FF18E7"，如图19-5所示。接着再按4、5、6、8号键，分别显示的编码是

"FF10EF""FF38C7""FF5AA5""FF4AB5"。一定要记住这些编码，因为UNO
板接收的就是这些编码。

图19-5 串口监视器显示的遥控器按键编码

19.3 深度探究——用遥控器控制小车的运动

1. 连接电路

遥控小车的电路连接很简单，只需在第18课自由行小车的基础上加一个红外接收
头，稍微改变一下连线即可。本例中由于红外接收头也要接5V引脚，而UNO板上只有
一个5V引脚，因此要用一分三杜邦线来扩展。将一分三杜邦线接在5V引脚，就会扩
展出三个5V输出端，其中一根（黄色）直接与红外接收头VCC针脚相接，如图19-6所
示，另一根（橙色）与L298N电机驱动器的12V供电接口相连。

图19-6 将红外接收头接入小车上的UNO板

用公对母杜邦线将红外接收头上GND针脚接UNO板上的GND引脚，OUT针脚接UNO板上的2号引脚。

2. 编写程序

本例要达到的目标是：当按遥控器上的2号键时，小车直行；按4号键时，小车左转；按5号键时，小车停止；按6号键时，小车右转；按8号键时，小车后退。

（1）新建字符类型变量。

要识别按键发射的编码，就要用到字符型变量。本例中先新建一个字符类型变量"anjian"，用于记录是按哪一个键产生的编码。在"变量"模块中单击"新建字符类型变量"按钮，在弹出的窗口中将变量命名为"anjian"，确定后就会在"变量"模块区出现变量"anjian"的相关语句，如图19-7所示。

图19-7 新建字符型变量

（2）构建程序结构。

因为小车的运动是由五个按键来控制的，也就是有五种情况需要判断，所以程序应有并列的五个条件判断语句。整个程序结构如图19-8所示。

在循环语句下面有3条语句，第1条用于接收遥控信号，将编码赋值给变量"anjian"；第2、3条语句是通过串口显示编码，用于调试程序，不会影响程序运行，程序调试好后可删除。

（3）编写条件判断和执行语句。

图19-9为编写好的完整程序。

图19-8　用红外遥控器控制小车运动的程序结构

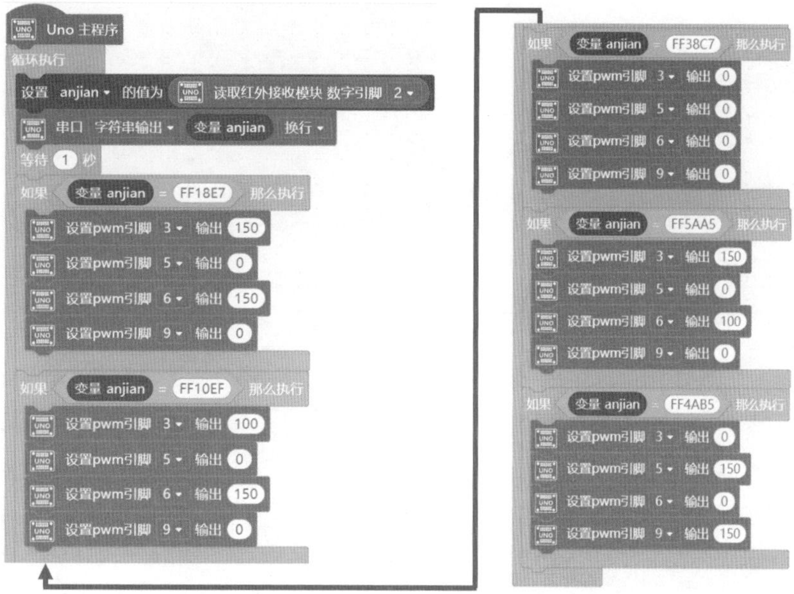

图19-9　用红外遥控器控制小车运动的程序

图19-9中的五条条件判断语句内容相似，用来判断按的是2、4、5、6、8中的哪个键，键的代码就是前面获取的在遥控器上按数字键时串口监视器显示的代码。

将程序上传后，给小车接上电池盒，放到地上，就能用遥控器来控制小车的运动。

19.4　课后练习

在日常生活中，遥控器的应用很广泛，如电视、空调都可遥控，原理都和遥控小车一样。请你用红外遥控器套件和LED做一个能遥控开关的灯。

第20课 避障小车

学习目标

✳ 会制作超声波避障小车。

✳ 学习多个传感器的综合应用。

器材准备

Arduino UNO板、L298N电机驱动器、USB数据线、杜邦线、2WD1622两轮智能小车套装、超声波传感器、舵机。

20.1 预备知识——超声波传感器在生活中的应用

超声波传感器能通过发射和接收超声波来侦测与障碍物的距离，我们可将这个功能用在需要避障的场景中。图20-1中的扫地机器人、汽车倒车雷达、无人驾驶汽车等就应用了超声波传感器来实现避障功能。

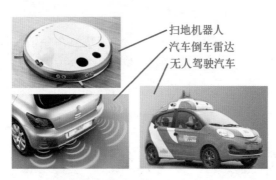

图20-1 应用超声波传感器的产品

倒车雷达是汽车驻车或倒车时的安全辅助装置，能以声音或更为直观的距离显示告知驾驶员周围障碍物的情况，帮助驾驶员扫除视野死角。倒车雷达就是应用超声波传感器实现了避障功能：由装在车尾保险杠上的超声波传感器发出超声波，碰到障碍物后反射回来，装置中的智能系统会实时计算出车体与障碍物间的实际距离，然后告知驾驶员，使停车或倒车更容易、更安全。

无人驾驶汽车是通过车载传感系统感知道路环境，自动规划行车路线并控制车辆到达预定目标的智能汽车。无人驾驶汽车也使用超声波传感器感知车辆周围障碍物，把得到的信息连同其他传感器感知的信息共同分析，从而控制车辆的转向和速度，使车辆能够安全、可靠地在道路上行驶。

扫地机器人是智能家用电器的一种，可以自动在房间内完成地板清洁工作。扫地机器人的侦测系统一般也采用超声波传感器来避障，因为超声波传感器的价格低，灵敏度高。

20.2　引导实践——用超声波传感器做避障小车

1. 连接电路

本例需要的主要元件有：1块Arduino UNO板、1个L298N电机驱动器、1个超声波传感器、1套2WD1622两轮智能小车套装。

超声波避障小车的电路连接较简单，只需在自由行小车的基础上加一个超声波传感器，稍微改一下连线即可。由于超声波传感器也要接5V引脚，而UNO板上只有一个5V引脚，因此要用一分三杜邦线来扩展。连线方法如图20-2所示。

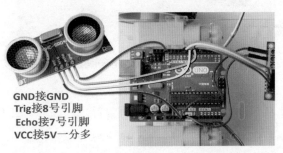

GND接GND
Trig接8号引脚
Echo接7号引脚
VCC接5V一分多

图20-2　超声波传感器与小车的电路连接

连线时，用一分三杜邦线扩展出的5V引脚一根接超声波传感器VCC针脚，另一根与L298N电机驱动器的12V输入端相连。超声波传感器GND针脚接UNO板上的GND引脚。Trig针脚是信号发射端，接UNO板上的8号引脚。Echo针脚是信号接收端，接UNO板上的7号引脚。

将超声波传感器卡在小车车架前面的槽中，双头水平朝前。连接好的实物如图20-3所示。

图20-3　连接好超声波传感器的小车

2. 编写程序

将连接好电路的Arduino UNO板与电脑相连，运行Mind+，切换到"上传模式"，新建一个文件，将Mind+与Arduino UNO板连接好，通过"扩展"按钮调出"Arduino"模块及其控制语句。

本例的设计目标是：若前面无障碍，小车直行；若在小于或等于15cm处遇到障碍物，就后退一段距离，改变方向，向右前方行驶。

编写好的程序如图20-4所示。

程序中新建了数字型变量juli，用来表示超声波传感器测量的实时距离值。程序结构为并列的两个条件判断语句，条件为逻辑比较，与超声波传感器测量的距离进行比较，是大于15cm，还是小于或等于15cm，满足哪个条件就执行相应的语句。在条件满足小于或等于15cm时，小车后退3秒后再右转。要注意，这里完成动作后只延时1秒，然后使小车改变方向后回到程序第一句，即沿此方向直行。

图20-4　超声波避障小车的程序

3. 编译上传

将程序编译上传到UNO板后，接上电池盒，测试小车的避障功能能否实现。避障距离可根据实际情况调整。

20.3　深度探究——用舵机和超声波传感器做扫描避障小车

前面的避障小车中超声波传感器是固定的，只能探测前方小范围内是否有障碍物,旁边的障碍物探测不到。为了解决这个问题,可以把超声波传感器和舵机组合使用,在小车前行的过程中,超声波传感器在前方180°范围内不停地转动扫描,探测是否有障碍物,从而做出判断。

1. 连接电路

本例在上面例子的基础上,需要加一个舵机。舵机的红线接UNO板上的5V引脚,也就是要接在一分三杜邦线扩展出来的引脚上;棕线接UNO板上的GND引脚;黄线接UNO板上的10号引脚,如图20-5所示。

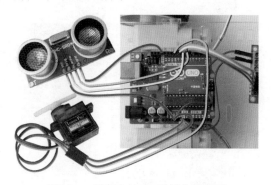

图20-5 舵机与UNO板的电路连接

电路连接后,还要将超声波传感器和舵机固定在小车前端。我们用两个螺钉将舵机固定在小车车架前,超声波传感器用橡皮筋紧紧地绑在舵角上,如图20-6所示。

图20-6 固定超声波传感器和舵机

2. 编写程序

程序的编写较简单，在上面超声波避障小车程序的基础上添加几条语句就可完成。

"Arduino"模块中没有针对舵机的控制语句，先要通过"扩展"按钮将舵机模块找出来，才能使用舵机的控制语句。

编写好的程序如图20-7所示。

图20-7　扫描避障小车的程序

在距离大于15cm时的执行语句中添加了舵机在0～180度来回转动的语句；在距离小于或等于15cm时的执行语句中添加了使舵机停在中间、超声波传感器面向正前方的语句。

将程序上传后，接上电池盒，将小车放到地上，就能看到扫描避障小车的运动情况。

20.4 课后练习

本例中的两个程序都应用了条件判断语句，并且是并列的两条，因为这样好理解一些。其实这个程序也可以进行简化，只用一条条件判断语句就行了，请你试试看，对上面的程序进行修改，但要实现同一目标。

第21课 巡线小车

21.1 预备知识——认识灰度传感器

灰度传感器是用来识别物体颜色的，巡线小车中用的灰度传感器很简单，只用来识别黑白颜色，如图21-1所示。灰度传感器有一只发光二极管和一只光敏电阻，利用不同颜色的检测面对光的反射程度不同，光敏电阻对不同检测面返回的光线强弱不同，从而阻值也不同的原理进行颜色深浅检测。发光二极管和光敏电阻安装在同一面上，在有效的检测距离内，发光二极管发出白光，照射在检测面上，检测面反射部分光线，光敏电阻（图21-1中信号接收头）检测此光线的强度并将其转换为Arduino可以识别的信号。

图21-1　灰度传感器

有的灰度传感器输出数字信号（DO）、有的输出模拟信号（AO），可以根据需要选择。巡线小车上要用输出数字信号的灰度传感器，DO信号输出端与UNO板上的数字引脚相连。

21.2 引导实践——检测灰度传感器

1. 连接电路

灰度传感器与Arduino UNO板的连接较简单，连线如图21-2所示，先将传感器上的VCC针脚接在UNO板的5V引脚上，再将GND针脚接在UNO板的GND引脚上，最后将信号输出针脚DO接在UNO板的10号引脚上。

本例要检测灰度传感器对黑白两种颜色的反应，由连接在13号引脚的LED（指示灯）的亮、灭来指示判断结果，不需要另外接LED。

2. 编写程序

本例的设计目标是：在白纸上贴宽度为1.8cm黑色绝缘胶带，操作灰度传感器距纸面3cm左右，LED发射管和信号接收头（也可称为探头）向下在黑色和白色区域之间移动，13号引脚的LED要有不同的亮灭反应，如图21-3所示。

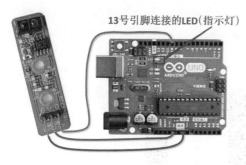

图21-2　灰度传感器的电路连接　　　　图21-3　灰度传感器测试场景

将连接好电路的Arduino UNO板与电脑相连，运行Mind+，切换到"上传模式"，新建一个文件，将Mind+与Arduino UNO板连接好，通过"扩展"按钮调出"Arduino"模块及其控制语句，在编程区编写如图21-4所示的程序。

图21-4　灰度传感器测试程序

3. 编译上传

将程序上传到UNO板后，摆动灰度传感器，可同步观察到：当灰度传感器移到黑色区域上面时，LED亮；当灰度传感器移到两旁的白色区域上面时，LED灭。

21.3　深度探究——用灰度传感器做巡线小车

本例要做一个沿宽度为1.8cm黑色轨迹线行驶的小车，需要两个灰度传感器。传感器之间要隔开一定距离，约2cm左右，刚好能将黑色轨迹线夹在中间。小车沿直线行驶时可能出现三种状态，如图21-5所示。

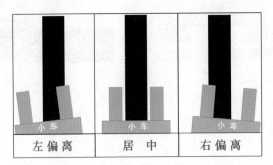

图21-5　巡线小车可能出现的三种状态

在图21-5中小车居中状态下，当两个灰度传感器检测到的都是白色时，表示小车正常行驶；当左边的灰度传感器检测到的是白色，右边的灰度传感器检测到的是黑色，表示小车向左偏离，需要调整程序来修正，使它向右转直到居中；当左边的灰度传感器检测到的是黑色，右边的灰度传感器检测到的是白色时，也需要调整程序来修正，使它向左转直到居中。

1. 连接电路

对于小车的电子元件电路连接，我们只讲灰度传感器的连接，其他的与小车自由行的一样。

连线时，我们把左边的灰度传感器的DO针脚接在UNO板的10号引脚上，右边的灰度传感器的DO针脚接在UNO板的11号引脚上。图21-6为连线示意图，Arduino UNO板的5V引脚要用一分三杜邦线扩展，分别接两个灰度传感器和一个L298N电机驱动器。UNO板上刚好有三个GND引脚，不需要扩展。

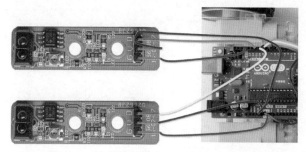

图21-6　灰度传感器与UNO板的电路连接

线接好后要把灰度传感器位置摆好，使它们相距2cm左右，用胶带或螺丝固定在小车前端，如图21-7所示。

图21-7　固定灰度传感器

2. 编写程序

根据前面灰度传感器检测情况，当小车位于黑色线上时，13号LED亮，表明输出的是高电平；当在白色区域时，13号LED不亮，表明输出的是低电平。

本次编写程序的思路是：当两个灰度传感器连接的引脚输出的都是低电平时，执行直行语句；当10号引脚低电平、11号引脚高电平时，执行右转语句；当10号引脚高电平、11号引脚低电平时，执行左转语句。编写好的程序如图21-8所示。

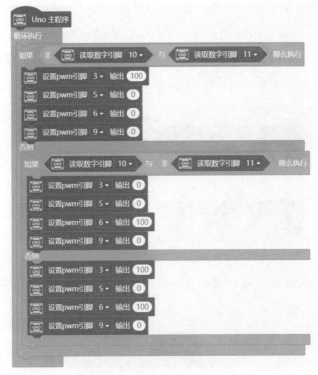

图21-8　巡线小车的程序

在程序中，语句 读取数字引脚 10 表示10号引脚低电平，语句 非 读取数字引脚 10 与 读取数字引脚 11 表示10号引脚低电平与11号引脚高电平同时出现，这就是判断小车右转的条件。执行右转的语句将3号引脚的值设为100，5号引脚的值设为0，它们控制的左轮会向前运动，而控制右轮的6号、9号引脚都是0，不会运动，于是小车就会右转。程序中间执行左转的语句与此类似。程序最下面是直行语句，就是在两个条件都不满足时直行，左轮和右轮向前运动。

　　将程序上传后，由于摩擦、电动机、电源等问题，可能不会一次就巡线成功。要根据小车实际运动情况，对参数进行适当调整。

21.4　课后练习

　　请你用1.8cm黑色绝缘胶带在地板上贴出图21-9所示的环形路径，然后用本节编写的程序，通过调整参数，使小车能沿这个环形路径行驶。

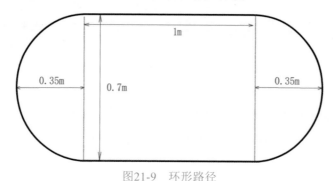

图21-9　环形路径

第22课　物联网入门

学习目标

✳ 认识OBLOQ物联网模块。

✳ 会用物联网进行双向通信、收发数据。

器材准备

Arduino UNO板、USB数据线、杜邦线、4PIN线、LED、面包板、200Ω定值电阻、OBLOQ物联网模块、LM35DZ温度传感器、有线/无线互联网。

22.1　预备知识——认识物联网模块及接口

1. 了解物联网平台，认识OBLOQ物联网模块

物联网（Internet of Things，IoT）即"万物相连的互联网"，是在互联网基础上延伸和扩展的网络，是将各种信息传感设备与互联网结合起来而形成的一个巨大网络，在任何时间、任何地点，都能实现人、机、物的互联互通。

目前国内外已有多个成熟的物联网平台，但绝大部分物联网平台都是面向专业开发人员的，操作复杂，上手困难。DFRobot推出了图22-1所示的OBLOQ物联网模块，搭配DFRobot自有的物联网平台，大大降低了物联网的使用门槛，并且OBLOQ模块还能够连接Microsoft Azure IoT和其他标准的MQTT协议的IoT，用户无需复杂的基础知识，就能迅速搭建出一套物联网应用。

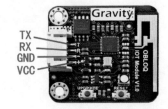

图22-1　OBLOQ物联网模块

OBLOQ模块是基于ESP8266设计的串口转WiFi物联网模块，用以接收和发送信息。

如果想将小台灯、小喇叭或其他用电器接入网络，对它们进行简单的远程监控和操作，OBLOQ模块一定是首选。图22-2为简单物联网示意图。

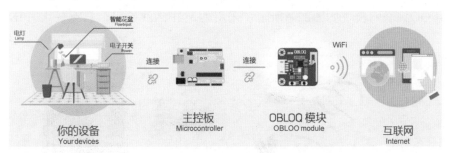

图22-2 简单物联网

Easy IoT是DFRobot自建的物联网平台（iot.dfrobot.com.cn），所有复杂的通信连接都被封装成库，提供所有必要的API接口。我们只需要在平台上创建项目，即可进行物联网通信，如图22-3所示。

图22-3 Easy IoT物联网平台

2. 认识方PIN线和对应接口

方PIN线在日常生活中经常要用到，如给手机充电的USB线、台式电脑中的各种连接线等都是方PIN线。方PIN线的优点是连接方便，稳定性好。一些公司开发的电子原器件也要用方PIN线才能连接得更好。图22-4所示的3PIN线和4PIN线是我们经常要用到的。

OBLOQ物联网模块如图22-5所示，采用的是4PIN线接口，只有使用4PIN线才能连接。

图22-4　3PIN线和4PIN线　　图22-5　OBLOQ物联网模块上的接口

22.2　引导实践——用手机控制LED的亮和灭

1.　连接电路

OBLOQ物联网模块的连接较简单，如图22-6所示，先把4PIN线插入OBLOQ模块的接口，再用4根公对公杜邦线分别连接4PIN线的另一头，这样就把4PIN线的母头转换成了公头，可以连接到Arduino UNO板上。接线要求是：将OBLOQ模块上的VCC端口接到UNO板的5V引脚，GND端口接到UNO板的GND引脚，TX接到UNO板的2号引脚，RX接到4号引脚。本例不外接LED，直接使用UNO板上接在13号引脚的LED。

2.　编写程序

本例的设计目标是：用手机发指令"on"或"off"，通过OBLOQ物联网模块，控制Arduino

图22-6　OBLOQ模块电路连接

UNO板上13号引脚的LED的亮或灭。

　　运行Mind+，切换到"上传模式"，新建一个文件，将Mind+与Arduino UNO板连接好。先通过"扩展"按钮调出"Arduino"模块及其控制语句，再调出"通信模块"（OBLOQ物联网模块）及其控制语句，如图22-7所示。

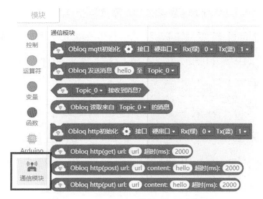

图22-7　OBLOQ模块的控制语句

编写好的程序如图22-8所示。

图22-8　用手机控制LED亮和灭的程序

　　程序中的语句  是为了使Arduino UNO板通过OBLOQ物联网模块连接互联网上的DFRobot物联网平台。连接采用的MQTT协议是一个基于客户端-服务器的消息发布/订阅传输协议，是轻量、简单、开放和易于实现的协议，应用很广泛。语句中将"硬串口"改成"软串口"，Ｒx（接收）端和Tx（发送）端

分别设为2号、4号引脚（与电路连接的引脚号相反）。一定要单击 打开图22-9所示的设置窗口正确填写各项参数，才能连接上Easy IoT物联网平台。

图22-9中的参数设置分三部分，上面的WiFi就是Arduino UNO板所处环境的WiFi，设置正确才能连上互联网；最下面的服务器的地址是固定的，必须填"中国"和"iot.dfrobot.com.cn"；中间的物联网平台设置参数来源于Easy IoT物联网平台，要从平台上获取数据。

图22-9 OBLOQ初始化设置

在Easy IoT物联网平台上获取参数数据的操作步骤为：

（1）注册用户，获取iot_id（用户名）、iot_pwd（密码）。

在浏览器的地址栏中输入iot.dfrobot.com.cn，打开图22-3所示的Easy IoT物联网平台，单击右上方的"邮箱注册"链接打开注册窗口，如图22-10所示，可用手机注册。

图22-10 注册步骤

注册完后，就会出现图22-11所示的工作间，平台自动生成了iot_id、iot_pwd数据。若数据以点的形式隐藏，可单击下方的眼睛按钮来显示。

（2）添加设备，设置项目名。

单击图22-11的"添加新的设备"链接，添加一个设备。可将New Device（项目名，湖蓝色字）改为LED-on，Topic为项目设备的ID号，是平台自动生成的，不能修改，如图22-12所示。

图22-11 Easy IoT平台的用户工作间

图22-12 有一个设备的项目

将从平台上获取的iot_id、iot_pwd和Topic的数据复制、粘贴到OBLOQ初始化设置相对应处就完成了参数的设置。

程序循环执行框中的语句 设置 on▼ 的值为 ☁️ Obloq 读取来自 Topic_0▼ 的消息 是将字符串变量on的值设置为接收从手机或其他终端通过物联网平台发送的字符数据。字符串变量on要在变量模块中先创建，然后才能使用其相关语句。

程序循环执行框中的两条条件判断语句的意思是：当字符串变量on接收的值为"on"时，接在Arduino UNO板上13号引脚的LED亮；当接收on的值为"off"时，LED不亮。

3. 上传测试

将程序上传到UNO板后，OBLOQ模块会主动连接互联网。当OBLOQ模块上的指示灯由红变紫、最后变成绿色时，就表示连网成功。我们可以在平台上或用手机发送指令来控制UNO板上的LED亮和灭。

（1）通过物联网平台发指令。

在Easy IoT物联网平台上，单击图22-13中的"发送消息"按钮，就会打开图22-14所示的消息发送窗口。

图22-13 项目LED-on

✈ 发送新消息

为消息加上->前缀代表此消息为纯指令消息，不会被存入数据库。例如"->off"

on   ✕   发送

图22-14　发送指令

输入字符on，单击"发送"按钮，就可看到LED亮了，如图22-15所示；再输入字符off，单击"发送"按钮，可看到LED灭了。

图22-15　通过物联网控制LED

（2）通过手机发指令。

手机也是通过登录Easy IoT物联网平台来实现控制的。在微信的小程序中搜索"easyiot"可找到easyiot小程序，如图22-16所示。

运行easyiot小程序，使用在Easy IoT物联网平台注册的用户名和密码登录，就可访问平台上自己的工作间，如图22-17所示。在手机上可用界面下方的"设备""创建"图标进行简单的设置操作。

图22-16　在微信的小程序中搜索easyiot

要发送指令时，单击"设备"图标，打开"我的设备"界面，如图22-18所示，单击右边的设置图标，会弹出设置选择窗口，选择"发送消息"后执行，则转到消息发送界面。

在消息输入区输入字符on，单击"发送"按钮，可看到LED亮了；输入字符off，单击"发送"按钮，则LED灭了。

图22-17 在手机上登录Easy IoT平台

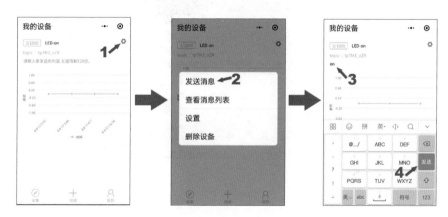

图22-18 发送指令步骤

22.3 深度探究——通过物联网实现手机远程监控温度和控制报警LED

本例要达到的目的是：室内温度通过物联网实时发送到远程手机端，手机端可随时控制室内的红色LED的亮和灭。

1. 连接电路

本例要用到的主要的元件有：1块Arduino UNO板、1个LED、1块面包板、1个200Ω定值电阻、1个OBLOQ物联网模块、1个LM35DZ温度传感器。

将UNO板上的5V和GND引脚扩展到面包板上；LM35DZ温度传感器输出端OUT接到UNO板的A0引脚；LED的正极接12号引脚，负极串接电阻后接面包板的"−"这一排。OBLOQ模块的RX、TX端口分别接Arduino UNO板的4号、2号引脚，VCC、GND端口分别接面包板的"+""−"排，如图22-19所示。

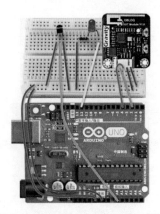

图22-19　通过物联网实现手机远程监控温度和报警LED的电路连接

2. Easy IoT平台设置

登录Easy IoT平台，进入自己的工作间，添加一个新设备，改名为"T-wd"，这是专门用来传递温度信息的，如图22-20所示。

图22-20　添加新设备"T-wd"

3. 编写程序

本程序只需在前面例子的基础上进行简单的修改即可。编写好的程序如图22-21所示。

图22-21　通过物联网实现手机远程监控温度和报警LED的程序

首先要修改的是MQTT初始化设置，如图22-22所示。由于平台上增加了一个设备"T-wd"，这里的Topic相应的也要增加一个通道ID。单击 Topic_0左边的"+"按钮就可以增加通道，软件会自动为其命名为Topic_1，将图22-20中设备"T-wd"的Topic数据复制、粘贴到此处就设置完成了。

增加的语句  是向Easy IoT平台发送温度传感器感知的实时温度。该语句后面还加了等待3秒的语句。

图22-22　修改MQTT 初始化设置

最后，将条件判断语句中控制LED的引脚号改成12，这是因为红色LED接在UNO板12号引脚上。

4. 上传测试

将程序上传到UNO板后，OBLOQ模块会主动连接互联网，当OBLOQ模块上指示灯变成绿色时，就可以开始测试。

在Easy IoT平台自己的工作间中，单击图22-20设备"T-wd"中的"查看详情"按钮，可打开图22-23所示的"查看消息"界面。

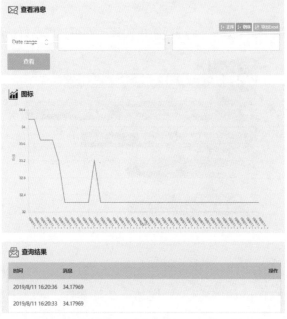

图22-23　"查看消息"界面

从图22-23中可以看到实时监控的远程温度的变化有图形和文字两种呈现方式，形象、具体，一目了然。

如果要控制LED的亮和灭，可通过单击设备"LED-on"中的"发送消息"按钮来实现。

应用手机easyiot小程序，也可监控温度和控制LED。

22.4　课后练习

我们在这节课初步学习了物联网知识，相信这些知识在以后的生活中会普遍应用。请你设计出一个应用物联网技术的智能家居生活场景，写出来，讲给同学、老师和家长听，同他们一起畅想未来生活。

第23课 人脸识别

学习目标

* 理解人脸识别原理。
* 通过人脸识别实践，体验人工智能的典型应用。

器材准备

一台带摄像头的电脑、互联网。

23.1 预备知识——了解人脸识别

说到人脸识别，不能不提人工智能。人工智能（Artificial Intelligence，AI）是研究、开发用于模拟、延伸和扩展人的智能的理论、方法、技术及应用系统的一门新的学科。人工智能领域的研究包括机器人、语音识别、图像识别、自然语言处理和专家系统等。

人脸识别是人工智能在日常生活中最典型的应用，属于生物特征识别技术，是应用生物体（一般特指人）本身的生物特征来区分生物体个体。

人脸识别系统的运行一般包括确立识别算法、获取原始图像数据、摄取现场图像、对比分析图像数据、给出人脸识别相似度等过程。

1. 确立识别算法

每个人脸识别系统都有自己的算法，最常用的是基于人脸特征点的识别算法。这个算法首先通过大数据采集几百或者上万人的人脸信息，把人脸划分为几十个关键点，分析每一部分的特点，以数据形式建立识别算法下的人脸数据库。在实际人脸识别时就用这个算法来实施。

2. 获取原始图像数据

要识别出是不是某人，先要采集某人的图像信息，系统会通过算法分析出某人的人脸特征数据，保存到人脸数据库中。

3. 摄取现场图像

摄取现场图像就是现场用摄像头对要识别的人采集图像信息，上传到系统数据库。

4. 对比分析图像数据

收到采集来的图像信息后，系统会用算法对图像进行分析，与人脸数据库中的某人数据进行对比。

5. 给出人脸识别相似度

采集来的图像在与数据库中数据对比后，系统会给出两者的相似度。如相似度大于80%，那就可判断是某人；若相似度小于30%，那就是别人了。

23.2 引导实践——人脸识别，判断是不是小娜

1. 理解人脸识别技术的实现方法和原理

以本例来说，人脸识别技术的实现方法是：先选择一张小娜的头像图，保存在电脑硬盘上，然后在Mind+中编写、运行程序，通过摄像头获取任意人的头像，程序将判断是不是小娜。

本例的原理如图23-1所示，运行在Mind+中的程序会将硬盘上小娜的图片和摄像头采集的头像图片上传到百度智能云，智能云会应用人脸识别算法对两张图进行智能对比，得出结论，再反馈给电脑，通过程序窗口显示出来。

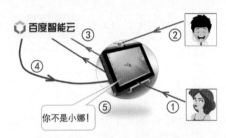

图23-1 百度智能云人脸识别原理

2. 角色准备

本例为了保护个人隐私，不采用真实人像，而用卡通图来实践，不影响实验效果。

将绘制的女孩卡通图命名为"小娜"后保存在电脑上，如图23-2所示。

绘制一张男孩图片，命名为"小华"后也保存在电脑上。将这两张图打印出来，制作成两人头像的手持牌，如图23-3所示。

扫描时用手持牌来代替真人头像，如图23-4所示。

图23-2　小娜头像

图23-3　小娜和小华头像的手持牌

图23-4　手持头像牌用摄像头采集信息

3. 创建百度智能云应用

本例人脸识别是借助百度智能云的"AI图像识别"功能来实现的，所以要在百度智能云上创建一个应用。

首先要注册百度AI账户。

账户注册方法是：打开百度AI开放平台ai.baidu.com，单击页面右上角"控制台"链接，进入"注册"页面完成注册，如图23-5所示。

图23-5　百度AI开放平台

然后使用刚注册的百度账号登录，登录成功后进入控制台页面，如图23-6所示，单击左边栏"人脸识别"，在人脸识别页面中单击"创建新应用"，先将应用命名，再将下面的"人脸识别""语音技术""文字识别""图像识别""人体分析"全部勾选，（有些用不上，但是都可以勾选，可以多选不可少选）。

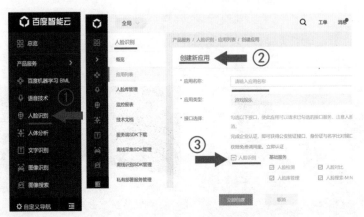

图23-6　创建人脸识别应用的过程

单击最下面的"立即创建"按钮后，就会创建一个人脸识别应用账户。

图23-7为创建的人脸识别应用的账户参数，AppID、API Key、Secret Key是与百度智能云上自己创建的应用链接的保证，这三个账户参数将在后面的Mind+程序编写中用到。

图23-7　创建的人脸识别应用的账户参数

4. 编写程序

运行Mind+，切换到"实时模式"，通过"扩展"按钮打开模块选择窗口，加载

"网络服务"中的"AI图像识别"模块,如图23-8所示。

图23-8 加载"AI图像识别"模块

返回后,在模块区就出现了AI图像识别语句,如图23-9所示。

图23-9 AI图像识别语句

完整的人脸识别程序如图23-10所示，现在这个程序直接运行是不会达到所需效果的，还要对几个参数进行设置。

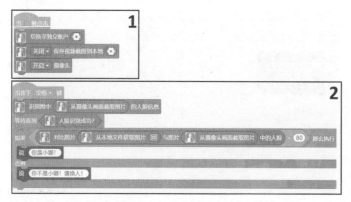

图23-10　人脸识别程序

程序第一个语句组的作用是链接百度智能云上创建的人脸识别账户，确定将摄像头获取的头像上传到百度智能云服务器的地址。

单击 切换至独立账户 右边的"设置"按钮打开如图23-11所示的窗口，将前面百度智能云上创建应用的账户参数复制到相应的输入框中。

图23-11　设置人脸识别应用的账户参数

语句 关闭·保存视频截图到本地 是只将摄像头获取的图片上传到百度智能云，不保存到本地电脑中。也可启用此功能，将图片保存在本地，那就要用语句块右边的设置按钮进行地址设置。

程序第二个语句组的作用是进行人脸识别、分析判断并给出反馈信息。

程序设计目标为：当按下空格键时，开始拍摄图片，上传到百度智能云服务器，在语句 识别图中 从摄像头画面截取图片 的人脸信息 的命令下，百度AI图像识别系统开始对上传的图片进行人脸识别，获取人脸信息。

语句 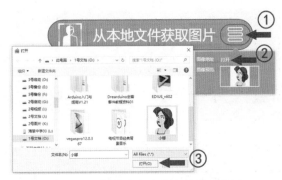 也可以看作是一个条件判断语句，作用是如果识别成功，获取了人脸信息，就执行下面的程序，否则就继续识别。

如果获取人脸信息成功后，就开始运行下面的条件判断语句，即分析判断并反馈信息。条件语句 的设置条件为，当摄像头获取的图片与本地电脑中的图片相似度大于80%时，就判断为同一人。其中的 也要通过单击右边的按钮来设置图片位置信息，如图23-12所示，这样才能将本地图片上传。百度AI图像识别系统分析出图中的人脸信息，再与摄像头获取的人脸信息做对比判断。

图23-12　设置获取电脑中的图片位置

5.　测试运行

本程序按空格键就能开始进行人脸识别。我们进行两次测试。

第一次测试时，先将小娜手持牌对准摄像头，再按一下空格键，就会弹出图23-13所示的反馈信息窗口。

窗口左上方的小图是保存在电脑中的原图，窗口下方是摄像头获取的实时画面，窗口右上方为百度AI图像识别系统对比识别后的反馈信息，本次由于用的是小娜手持牌，所以识别的相似度为99.11%。舞台上Mind+精灵说的"你是小娜！"是判断为相似度大于80%时的反馈。

第二次测试用小华手持牌。我们可以看到测试的反馈结果如图23-14所示，识别出的相似度为42.19%，小于80%，所以Mind+精灵说"你不是小娜！请换人！"。

图23-13　反馈信息窗口　　　　　图23-14　反馈信息窗口

两次测试证明程序达到了设计要求，可以进行人脸识别。

23.3　深度探究——人脸识别，判断是不是外人

本例要达到的效果是：在本地电脑中保存小娜和小华两张头像图片，当按下空格键，将小娜手持牌对准摄像头进行识别时，Mind+精灵说"你是小娜"；当小华手持牌对准摄像头识别时，Mind+精灵说"你是小华"；而当对准图23-15中的小菲手持牌识别时，Mind+精灵说"你是外人"。

本例的完整程序如图23-16所示。

程序只是在图23-10中的人脸识别程序上进行了修改，在条件判断语句的"否则"框中镶嵌了一个条件判断语句结构。整个条件判断语句的意思是，当摄像头获取的是小华头像时，Mind+精灵说"你是小华"；当获取的是小娜头像时，Mind+精灵说"你是小娜"；当获取的不是这两人时，Mind+精灵说"你是外人"。

图23-15　小菲手持牌

在修改程序时，要注意一定要将两处语句 对比图片　从本地文件获取图片　与图片　从摄像头画面截取图片 中的人脸 (89) 中的从本地文件获取图片的地址设置正确，其他地方都不需要重新设置。

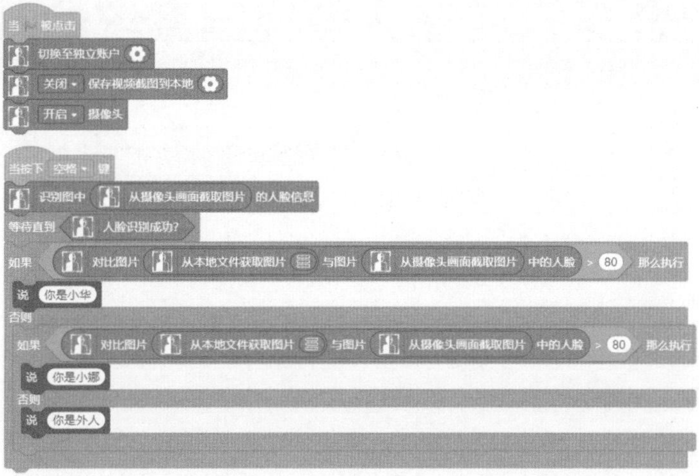

当 被点击
切换至独立账户
关闭▾ 保存视频截图到本地
开启▾ 摄像头

当按下 空格▾ 键
识别图中 从摄像头画面截取图片 的人脸信息
等待直到 人脸识别成功？
如果 对比图片 从本地文件获取图片 与图片 从摄像头画面截取图片 中的人脸 > 80 那么执行
说 你是小华
否则
如果 对比图片 从本地文件获取图片 与图片 从摄像头画面截取图片 中的人脸 > 80 那么执行
说 你是小娜
否则
说 你是外人

图23-16　多人人脸识别程序

23.4　课后练习

前面的例子中，电脑中用来对比的原始人脸图片都是绘制的，其实也可以现场采集，并保存到电脑中。图23-17为采集图片程序及图片采集反馈窗口。

图23-17　采集图片程序及反馈窗口

程序中百度智能云账户信息一定要设置正确，截图保存到本地的功能要开启，保存图片到电脑中的地址也要设置好。

请你试试看，用这个程序将自己的头像采集到电脑指定位置。

第24课 校车人数控制系统的制作（一）

学习目标

✳ 学习用创意作品解决实际问题的方法。

✳ 编写出校车人数控制系统程序。

器材准备

Arduino UNO板、超声波传感器、舵机、IIC 12864OLED显示屏、红色LED、绿色LED、200Ω定值电阻、蜂鸣器、杜邦线若干。

24.1 预备知识——创客作品的设计过程

创客教育强调制作，我们只有制作出有趣、有用的作品，才是学习价值的体现，而这就需要我们用设计思维来展开活动，发现现实生活中的真实需求并提出解决方案。创客作品的设计一般包括发现、构思、制作等过程。

发现阶段的主要任务是找到一个明确的问题。在这个阶段，我们通过对日常生活的观察，并进行感性的体验和理性的信息搜索，逐渐聚焦到一个感兴趣并值得用设计来解决的问题。

构思阶段的主要任务是形成作品的原型。构思阶段由发散思考、汇聚组合和绘制草图三个步骤组成。在发散思考环节，要进行头脑风暴，设想各种可能性，打开设计思路；在汇聚组合环节，要对各种可能性进行挑选和组合，对作品的功能进行优先级排序，编写实现功能的程序；在绘制草图环节，要从功能需求出发，从造型、板材、工艺等方面思考更多设计要素。

制作阶段的主要任务是制作出作品实物。这一阶段，我们要选择合适的材料，采用对应的加工方式，将原型物化出来，并通过不断调试程序来完善作品，直到符合设计要求。

24.2　引导实践——设计校车人数控制系统

1. 设计思路

送学生上下学的校车只有不超载才能保证安全。为了实时掌控校车的载人情况，我们可以综合应用前面所学知识，设计一个智能校车人数控制系统，当人上满时就自动关门，做到不超载。

校车人数控制系统要达到的具体功能是：空车时绿灯亮并且车门是打开的，IIC 12864OLED显示屏显示"欢迎乘车　本车可上5人"（我们设定的人数是5个），表示可上人；当有人上车时，会有提示音，IIC 12864OLED显示屏同步显示上车人数；当上满5人时，IIC 12864OLED显示屏显示"人员已满　注意安全"，同时绿灯灭，红灯亮，车门关闭。

我们要用Arduino UNO板和其他电子元件来制作这个校车人数控制系统。按照功能要求，拟用舵机控制门的开关，用IIC 12864OLED显示屏显示人数，用LED显示是否有座位，用超声波传感器感知上车的人数，用蜂鸣器进行声音报警。

2. 连接电路

本例要用到的主要元件有：1块Arduino UNO板、1个超声波传感器、1个舵机、1块IIC 12864OLED显示屏、1个红色LED、1个绿色LED、2个200Ω定值电阻、1个蜂鸣器。

由于用到的元件较多，Arduino UNO板5V和GND引脚不够用，所以要用一分多杜邦线对5V和GND引脚进行扩展。本例电路的连接如图24-1所示。

从电路连接中可以看出，IIC 12864OLED显示屏的SDA、SCL针脚分别接UNO板上的SDA、

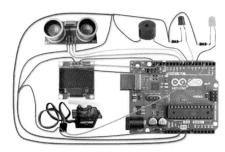

图24-1　校车人数控制系统的电路连接

SCL引脚，VCC接扩展出的5V引脚，GND接UNO板上的GND引脚；舵机PWM接口接Arduino UNO板的 3 号数字引脚，VCC接口接扩展出的5V引脚，GND接口接UNO板上的GND引脚；绿色LED、红色LED正极分别连接Arduino UNO板的5号、6号数字引脚，负极与电阻串联后接扩展的GND引脚；蜂鸣器一端接7号数字引脚，另一端接扩展出的GND引脚；超声波传感器的Trig和Echo针脚分别接9号、8号数字引脚，VCC、GND分别接扩展出的5V引脚和GND引脚。

3. **程序设计**

运行Mind+，切换到"上传模式"，新建一个文件，将Mind+与Arduino UNO板连接好，通过"扩展"按钮调出"Arduino"模块、IIC 12864OLED显示屏模块和舵机模块，各模块及其控制语句如图24-2所示。

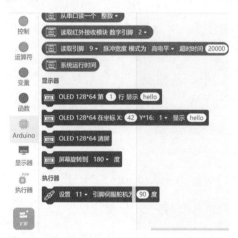

图24-2　扩展出的模块及语句

本例由于用到的元件较多，所以语句比较多，程序有点长，完整的程序如图24-3所示。我们一起来分析每一部分的作用。

第1部分语句在循环结构外，为初始化语句，只执行一次。语句从上至下的作用是使舵机舵角停在90°（车门打开），IIC 12864OLED显示屏初始化显示"欢迎乘车本车可上5人"，绿色LED亮，红色LED不亮，三个变量（判断1、判断2、人数）的初始值设为0。

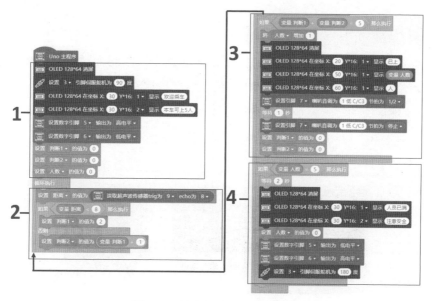

图24-3　校车人数控制系统程序

第2、3两部分作为循环执行框中的一个整体，用算法解决了通过单个超声波传感器进行人数统计的问题。

第一个条件判断语句意思是，当有人上车时（离超声波传感器小于8cm），变量"判断1"赋值为2；离开后（离超声波传感器大于或等于8cm），变量"判断2"赋值为变量"判断1"的值+1即为3。若有人长时间站在车门口挡住超声波传感器，距离小于8cm，变量"判断2"的值不会变为3，只有离开（上车后）才会变为3。

第二个条件判断语句意思是，当变量"判断1"加"判断2"的值为5，即有人上车时，将变量"人数"的值加1，IIC 12864OLED显示屏显示已上车人数，蜂鸣器发出声音提示，变量"判断1"和"判断2"的值重新设为0。

这两个条件判断语句组合起来就完成了上一人的记数过程。

循环执行框中的第4部分为当车满座后各元件的反应，即当变量"人数"的值达到5（满座）时，IIC 12864OLED显示屏显示"人员已满 注意安全"，变量"人数"的值变为0，绿色LED熄灭，红色LED亮，舵机舵角停在180°（车门关闭）。

4. 调试和修改

程序编写好后可上传运行，结合硬件的反应，进行调试和修改。

要调整校车可上人数可更改程序第4部分语句中的数字"5"；要调整超声波感知距离可更改程序第2部分条件判断语句中的数字"8"。切记第3部分条件判断语句中的数字"5"是不能更改的，它不是用来统计人数的，而是算法用来构建条件判断语句的。

还可以调整IIC 12864OLED显示屏中文字的显示格式。图24-4为运行本程序后IIC 12864OLED显示屏在不同阶段的显示效果。

图24-4 IIC 12864OLED显示屏显示效果

IIC 12864OLED显示屏左上角坐标为（0，0），右下角坐标为（128，64），在Mind+中，可通过调整X的值来调节文字的水平位置，垂直方向只能显示4行文字，可通过选择Y下拉列表中的数字来调整，如图24-5所示。

图24-5 IIC 12864OLED显示屏控制语句设置

24.3 课后练习

前面我们学过物联网的知识，你能给校车增加远程实时向手机发送上车人数的功能吗？试试看。

第25课 校车人数控制系统的制作（二）

学习目标

* 学会作品结构制作的一般方法。
* 制作出安装了人数控制系统的校车模型。

器材准备

Arduino UNO板、超声波传感器、舵机、IIC 12864OLED显示屏、红色LED、绿色LED、200Ω电阻2个、蜂鸣器、杜邦线若干、0.2cm椴木层板、微型台锯、热熔胶枪、胶棒、美工刀、直尺、砂纸、锉刀等。

25.1 预备知识——创客制作器材介绍

1. 创客作品制作板材的特点

创客作品模型一般用于功能演示，常用纸板、木板、亚克力板等材料来制作。

（1）纸板。

一般把200g/m²以上规格的纸称为纸板，常用于商品包装。纸板最大的特点是硬度高，强度适中，易于加工。纸板的类型很多，其中最常用的就是瓦楞纸板。瓦楞纸硬度比纸张好，比木质材料更轻，用美工刀就可以完成切割，价格又便宜，所以我们常用瓦楞纸板来制作作品。

（2）木板。

木板与纸板相比，结构更加坚固，可以承受较大的作用力。但木质材料的加工技术要求比纸板高：简单的木材加工用传统的锯子即可完成；而对于复杂一些的制作，需要将图纸上的设计转印到木板上，并用台锯切割，用铣床挖槽打孔，这些操作都有一定的专业性和危险性，需要在老师指导下进行。现在，激光切割机的大规模推广使用，降低了木板加工的技术门槛，我们只需在电脑上绘制图纸，剩下的工作就可以交

173

给激光切割机去完成。

（3）亚克力板。

亚克力又称有机玻璃，是聚甲基丙烯酸甲酯（PMMA）的商品名称。亚克力是一种重要的高分子材料，在创客作品制作中常用它取代玻璃。与玻璃相比，亚克力板具有透光率高、轻盈、机械强度高、易于加工等优点。一般用台锯或激光切割机来切割亚克力板。

2. 创客作品制作工具的选用

常用的创客作品制作工具有美工刀、直尺、剪刀等，精密的制作工具有台锯、激光雕刻机等，还需热熔胶枪、锉刀等辅助工具。

（1）美工刀。

美工刀俗称刻刀或壁纸刀，由刀柄和刀片两部分组成，为抽拉式结构。美工刀刀片为斜口，通常只使用刀尖部分，用钝后可顺片身的划线折断，出现新的刀锋，方便继续使用。美工刀一般和直尺、剪刀配套使用，用于纸板的切割、雕饰，如图25-1所示。

（2）微型台锯。

创客用桌面型微型台锯如图25-2所示，由工作台面、横档尺、挡板、主锯、软轴等部分组成。台锯主要用于板材的切割、打磨、雕刻、钻孔等，需外接220V电源，操作时通过在台面上推动板材进行切割，所以墨线要事先画在板材上。用台锯切割出的作品模块比美工刀切割的规则整齐，并且对于木板、亚克力板这些比纸板硬的板材，只能使用台锯来切割，所以台锯是制作创客作品的主要工具。

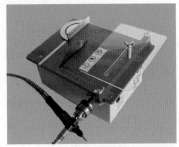

图25-1　美工刀、直尺、剪刀等工具　　　　图25-2　桌面型微型台锯

使用台锯时，要注意安全，一定要在老师的现场指导下进行。

（3）激光切割机。

要制作更加精致的创客作品就要用到图25-3所示的小型激光切割机。激光切割机的基本原理是利用高功率密度的激光束照射被切割材料，材料受到辐射后快速升温，使材料熔化或汽化。使用激光切割机前要先在电脑上设计出切割的图形，图形以线条方式呈现，线形、长短都要精确，还要根据不同的板材及厚度确定切割时激光的强度。激光切割机也可通过调整激光强度在板材上雕刻出图形。

图25-3　激光切割机

使用激光切割机制作模型时要更加注意安全，一定要在老师的现场指导下进行。

（4）热熔胶枪。

创客作品制作中用到的热熔胶枪如图25-4所示，主要用于作品各模块的组装。使用方法是通过热熔胶枪将胶棒加热熔化后打在需要粘接固定的地方，快速固化后起到固定作用。纸板、木板、亚克力板等板材都可用热熔胶枪来粘接。

图25-4　热熔胶枪和胶棒

25.2 引导实践——制作校车模型

设计的程序经与电子硬件配合调试，达到设计功能要求后，就要进行作品的结构设计，做出实物模型，将各元件固定到模型中规定的地方，达到设计展示要求。图25-5是连好线的校车人数控制系统，我们要用结构件材料做一个校车模型，将每个元件固定好，使之能正常演示所有设计的功能。

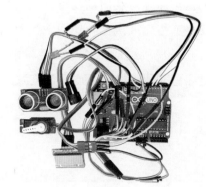

图25-5　校车人数控制系统的电路连接

制作校车模型的步骤如下。

1. 设计外观

设计时，可借鉴现实生活中的校车外观，也可创新设计成其他形状，但一定要符合科学常识。本例中设计的校车外观如图25-6所示。

2. 分解模块

校车模型由多少个模块组成，怎么连接，每一个模块的长、宽、厚是多少，这些问题都要想到。图25-7为车体的三维基本结构。

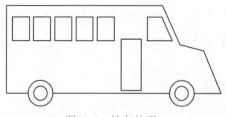

图25-6　校车外观

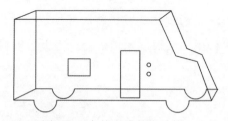

图25-7　车体三维基本结构

我国车辆的通行法规为靠右行驶，公共用车的乘客上车门都是在车的右侧，所以IIC 12864OLED显示屏、LED、舵机都要安装在车体右边。图25-8是车体右侧详细的设计图纸，标示出了各部分的长度数据。其中2.9cm×2.1cm的框专门放置IIC

12864OLED显示屏；6cm×2.5cm的矩形为车门；门内侧放置舵机控制门的开关；车门右边的两个孔放置LED。

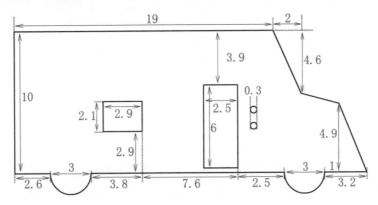

图25-8　车体右侧的设计图纸（单位：cm）

左侧车体不需要设计开口，其外形、大小与右边车体相同。整个车体宽度根据UNO板和电池盒的大小来确定，设计为10cm，因为这几个元件都要安装在车内。有了上面的数据，车体上下前后各模块的规格就好确定了。

3. 制作模块

（1）选择板材和工具。

选择板材要考虑创客作品的特点和实际条件，一般要做到经济、牢固、实用。本例中的校车既要做得牢固，又要考虑成本，所以可以选择木板。我们选择的车体板材是厚度为0.2cm的椴木层板，这也是各种创客比赛所提供的最多的耗材，如图25-9所示。椴木层板具有价格低、软硬适中、不伤人等特点。

切割椴木层板的工具一般是微型台锯，然后用热熔胶枪来造型。也可用美工刀和直尺来划割，但要掌握好力度，注意安全。

（2）绘制墨线。

先绘制右侧车体。在椴木层板上找到合适位置绘制墨线。为了节省材料，我们从板子的边缘开始，用直尺和笔严格按设计的尺寸画好墨线，如图25-10所示。

与绘制右侧车体墨线方法一样，将其他模块的墨线画好。

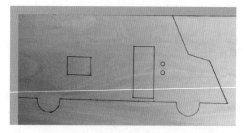

图25-9　椴木层板　　　　　　　　图25-10　右侧车体墨线

（3）切割模块。

墨线画好后，就可用微型台锯开始切割，把需要的模块切割出来。切割的过程中要注意安全，学生不能单独操作微型台锯，一定要在老师的现场指导下，按使用规则进行切割。右侧车体中的门和显示屏框不能用台锯切割，要用美工刀划割。

4. 组装调试

所有模块切割完成后，用热熔胶枪将它们固定好，如图25-11所示。

完成的造型如图25-12所示。注意上盖不要封死，可打开，以便安装元件、调试功能。

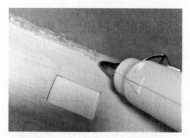

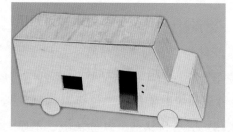

图25-11　用热熔胶枪造型　　　　　　图25-12　车体造型

将连好线的电子元件放入车体内，如图25-13所示，按设计好的位置将各元件安装到位。

其中，IIC 12864OLED显示屏卡入框中时要注意不要上下颠倒；舵机舵角上要将"门"先粘贴好，调试好后才能将舵机固定在门框的上部；超声波传感器要用小木块固定在车体底板上，两个探头要对准门，不能被遮挡；两个LED插入相应的孔中；电池组和UNO板放置在底板上，可用热熔胶固定。

组装好后，可通电进行调试。将电池组与UNO板连接好后，绿色LED就会亮，IIC 12864OLED显示屏第一行显示"欢迎乘车"，第二行显示"本车可上5人"字样，如图25-14所示。

图25-13　元件安装到位

图25-14　未上人的校车

在调试过程中可能要调整数据的地方是程序中超声波传感器的探测距离，这要根据实际情况来调整，以达到自己的设计要求。调试时，可用手遮挡门来代替上人的动作。图25-15为调试中的情景，当用手挡在门口一会儿，再离开后，IIC 12864OLED显示屏显示"已上1人"，门是打开的，绿色LED亮。

继续测试，IIC 12864OLED显示屏上会动态显示已上人数，当满员后显示"已上5人"，然后显示屏第一行会静态显示"人数已满"，第二行静态显示"注意安全"，红色LED亮，门关闭，如图25-16所示。

图25-15　调试中的校车

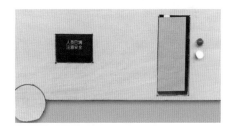
图25-16　上满人后的校车

5.　美化装饰

组装调试成功后，可以进行简单的装饰来美化模型。先要用砂纸或锉刀给车体打磨，将边角、切口磨光滑。我们给校车贴上了彩纸，画上了车窗，使它更像真正的校车，如图25-17所示。

图25-17　贴上了彩纸的校车模型

25.3　课后练习

用微型台锯切割板材可能误差较大，而用激光切割机来切割，则可以做到分毫不差，使作品更精致。如果条件允许，应该在老师的帮助下，用激光切割机切割木板或亚克力板来制作校车模型。

第**26**课　赛场竞技

学习目标

✳ 了解参加创客竞赛活动的一般程序。

✳ 会制作作品参加创客竞赛活动。

器材准备

DFRobot中小学创客比赛套件专业版。

26.1　预备知识——创客竞赛活动介绍

　　通过不断学习和思索，可能你已经想用"创意智造"的方式制作出自己的作品，从而解决日常生活中的一些问题。这就是我们学习的初衷。你可以拿自己创作的作品去参加创客竞赛，获奖不是目的，参赛一方面是对学习效果的检验，另一方面也可以与其他参赛者合作、交流，从而相互促进制作技能和创新能力的提升。

　　现在创客竞赛活动很多，鱼龙混杂，有的以收取参赛费盈利为目的，有的以博取知名度为目的，有的以卖产品为目的，对于各种创客竞赛活动，我们需要甄别，选择参加正规部门举办的竞赛活动。当前，经教育部门审核，比较权威的正规创客竞赛活动是全国学生信息素养提升实践活动（原全国中小学电脑制作活动）和全国青少年科技创新大赛。这两个大赛是每年都举办的，以激发学生的创新精神、培养其实践能力为目的的竞赛活动。

　　全国青少年科技创新大赛是由中国科学技术协会（中国科协）、中华人民共和国教育部（教育部）、中华人民共和国科学技术部（科技部）等九部门共同主办的一项全国性的青少年科技竞赛活动。大赛具有广泛的活动基础，从基层学校到全国大赛，每年约有1000万名青少年参加不同层次的活动。经过选拔，最后有500多名青少年科技爱好者相聚一起进行竞赛、展示和交流活动。

中小学生的创客作品可以参加全国青少年科技创新大赛"青少年科技创新成果竞赛"项目活动。这个活动是自下而上的，制作出的作品由各市上报至省参加省级选拔赛，各省选出优秀作品或项目参加国家级竞赛活动，不需现场创意制作，只是展示、交流自己的作品，由组委会评出等级奖。

一年一度的全国学生信息素养提升实践活动由中央电化教育馆等单位主办，是面向中小学生的全国性竞赛活动，规模最大、规格最高、参与人数最多。全国学生信息素养提升实践活动的主题是"探索与创新"，即鼓励广大中小学生结合学习与实践活动及生活实际，积极探索，勇于创新，运用信息技术手段设计、创作电脑作品，培养"发现问题、分析问题和解决问题"的能力。全国学生信息素养提升实践活动紧跟时代步伐，近几年先后设立了创意智造、3D打印等创客类项目，2020年又设立了人工智能项目，为小小创客们提供的展示交流、合作分享、共享提升的平台越来越大。

全国学生信息素养提升实践活动已举办了二十一届，形成了一套较为固定的活动程序和机制。如果你能完美地参与这个活动，那么再参与其他活动就会轻车熟路。所以，本节课就以全国学生信息素养提升实践活动创意智造项目为例来分享和交流参赛"秘笈"。

26.2 教学实践——参赛介绍

1. 明白参赛流程

全国学生信息素养提升实践活动规模大、参与的学生众多，但能参加全国现场交流活动的人数很少，例如创意智造项目每省仅分配4个名额。所以，只有过五关斩六将才能进入全国现场交流活动。

全国学生信息素养提升实践活动也是自下而上的竞赛活动，一般从县开始，层层举办，每层都会设等级奖。全国学生信息素养提升实践活动参赛流程如图26-1所示。

从图26-1中可以看出，只有经过层层选拔才能参加国家级活动。其中在省级竞赛阶段，由于各省（自治区、直辖市）条件不同，可能采用的方式不同。有些省（自治区、直辖市）对地、市上报的作品直接评比，选4人上报参加全国竞赛；有些省（自治区、直辖市）组织地、市作品制作人集中现场展示自己的作品，从中选拔4人上报参加全国竞赛；更多的省（自治区、直辖市）会参照全国竞赛的模式，集中组织地、市优秀选手进行现场命题现场制作，再展示交流，选出4名选手参加全国竞赛。有些创客教育开展得好的地、市，已经在以现场制作的方式选拔参加省级竞赛的选手。

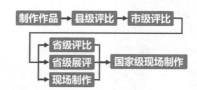

图26-1 全国学生信息素养提升实践活动参赛流程

2. **准备作品**

好的创意作品是参赛的敲门砖，只有出类拔萃，才能走得更远。

全国学生信息素养提升实践活动指南指出：创客项目是参与者在电脑辅助下进行设计和创作，制作出体现多学科综合应用和创客文化的作品。我们一定要按指南来创意、设计和制作作品。

（1）创意独特，有实用价值。

创意要有新意，要用新奇的视角，以独特的方式来解决一些日常遇到的问题。例如现在垃圾分类、废品回收是社会热点，于是，大家都在制作垃圾回收箱，大多功能相近，无新意，这样的作品不大可能获得好的成绩。我们换个思路，联想到回收废旧电池和街上的自动售货机，设计制作一个智能废旧电池有偿回收箱，如图26-2所示，实现的功能为：当投入回收箱的电池达到5节时，就吐出1节新电池；箱上有投入电池的数量显示，还能将投入的电池总数及新电池数实时通过物联网发送到管理员手机上。这样的创意，独特，有新意，很有可能在各级评比中脱颖而出。

有创意后一定要到互联网上进行查新，即查一查有没有相同的创意，看看人家是否已经做出来了。

（2）制作精良，有工匠素质。

创意作品的造型是作品的外在表现，结构要设计得合理，有新意，有美感，并能将美学与实用性相结合。外观、封装及整体的牢固程度是制作者在技术上是否精益求精的体现，也是评审专家关注的重点。图26-3就是用亚克力板材、以激光切割方式制作的校车模型。这样做出的校车模型在外观、封装及牢固程度上都比木板的好。

图26-2　智能废旧电池有偿回收箱　　　图26-3　用亚克力板制作的校车模型

上交评比的作品一定要选用比较牢固的木板、亚克力板等材料，用台锯或者激光切割机来切割，对于异形的零件最好用3D打印来制作。

（3）文档齐全，能一目了然。

参加创客作品比赛，参赛者要提供作品演示视频、说明文档、硬件器材清单、软件源代码等，全部文件大小建议不超过100MB。

演示视频的格式最好为MP4，时长不要超过5分钟。大部分地区的评比是不会要求参赛者提交作品实物的，评审专家通过观看演示视频来对作品整体感知，视频一定要有说明创意的独特性、功能的实用性、外观的艺术性、程序的先进性等内容。视频解说词要提前准备，录制时要做到画面构图以作品为主，清晰、稳定，配音大小适中，无噪声。

说明文档包括作品的功能、创意原由和思路、解决问题的程序设计、需要的硬件、结构造型、制作过程等方面的内容，作品制作过程至少包括5个步骤，每个步骤至少包含1张图片并加以简要文字说明。制作说明文档是评审专家详细了解制作过程的重要参考资料。

硬件器材清单、软件源代码需如实准备，以便评审专家审查程序是否可行，软硬件是否相互匹配，即创意作品的功能能否达到。

3. 展评亮剑

有些省（自治区、直辖市）为了使创客竞赛评比更准确，会集中被选出的作品的制作者与评审专家进行面对面的展示和答辩。在展评前，评审专家已看过所有的作品，已初步评出了等次，通过现场展示、答辩来确认选手的创新能力、编程水平和制作技能，从而选出有实力的选手参加全国竞赛活动，对答辩不能通过的选手会降低或取消获奖等次。

展评的流程一般是，每个选手先介绍自己的作品，再回答评审专家的提问，整个过程在10分钟以内。为了真实展示自己的实力，一定要提前做好准备工作。

（1）作品功能演示。

现场展评会要求进行作品实物演示，设计的功能一定要确保一次演示成功。

（2）PPT展示制作过程。

PPT以图片为主，文字简单明了，内容主要为作品创意特点、作品功能、解决问题的程序设计、硬件及结构制作等。

PPT展示最好和实物演示同步进行，并且一定要提前做好彩排。

（3）回答评审专家提问。

如果选手的展示很全面、很顺利，评审专家对作品和选手各方面都了解清楚了，就不会或少提问。如果评审专家还有疑问，就会针对疑问提出，一般问的问题有作品功能是通过什么硬件实现的，程序中某些语句的作用等。

4. 现场制作

全国学生信息素养提升实践活动创意智造项目采用现场制作的方式。现在，部分省（自治区、直辖市）也在采用和国家级竞赛相同的现场制作方式来进行省级活动。现场制作要求学生在规定时间内使用组委会提供的器材，通过电脑编程、硬件搭建、三维造型设计等创作智能实物作品，如趣味电子装置、互动多媒体、智能机器等。

（1）现场制作流程。

全国学生信息素养提升实践活动创意智造项目现场制作流程如图26-4所示。

图26-4　创意智造现场制作流程

（2）抽签分组。

选手通过现场抽签组队，随机搭配。每个团队由2、3人组成，可能组内成员互相不认识，团队内要进行适当的分工，每个成员都要有团队意识，学会沟通、配合、协调。只有做好作品创意设计的商讨、制作的分工、提交文件的分工和准备、展示的协作等工作，才能合作制作出好的作品。

（3）公布命题。

现场会将任务主题和制作要求以纸质文档的形式发给每个小组。在题目的理解上，小组成员要各抒己见，再结合生活实际了解材料和工具，引导设计思路，通过分析和设计，产生与众不同的创意。

（4）现场创作。

小组根据创意，通过团队分工协作，在两三天的时间内，共同创作完成一件作品。在设计与制作过程中，选手可自带笔记本电脑、相关设计软件、编程软件和参考书籍资料等。制作期间，笔记本电脑和组委会提供的优盘，一律不能带离场地，制作结束后才可带走；除了组委会提供的优盘，不得使用任何一种移动存储设备；不能用任何方式连接互联网，现场会控制使用手机和网络，有需要时，可以申请，在工作人员监督下使用。

① 熟悉场地和工具。每个成员要先了解制作场地和现有的工具、材料，特别是创意制作所需要的硬件。创客主要器材由活动组委会统一提供，图26-5为DFRobot提供的创客比赛Arduino套件。

DFRobot创客比赛用的Arduino套件价格较高，通常学校不会采购这种套件来用于开展普惠式创客教育，但有条件的学校可购置1套用于赛前训练。也可以在网上购买需要的散件来训练，费用就更节省了。其实，有了前面课程的学习基础，读者使用DFRobot创客比赛Arduino套件更容易，不需10分钟就会使用。图26-6为DFRobot创客比赛Arduino套件中的Arduino UNO主控板，只是多了一些针脚式端口和5V、GND针脚等，支持3PIN、4PIN线。套件中的传感器等元件只能用3PIN、4PIN线来连接。

图26-5　DFRobot创客比赛Arduino套件

在连线时，3PIN、4PIN线按颜色与主控板针脚颜色对应插就不会出错。图26-7左边为电路连接示意图，右边为实物电路连接，连线简洁明了。

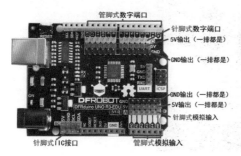
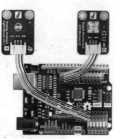
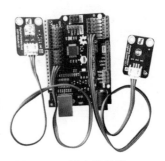

图26-6　DFRobot的Arduino UNO主控板　　图26-7　DFRobot的Arduino UNO板电路连接

制作现场也会提供各种材料和加工工具，材料有木板、卡纸、彩纸等，工具有台锯、激光切割机、3D打印机等，图26-8中展示了部分加工工具。

考虑到安全问题，加工工具一般不允许自己操作，选手只需将所需零件规格写好，并选择好材料，工作人员会切割制作成零件。

图26-8　激光切割机、3D打印机、车床等加工工具

②按创意作品制作程序进行制作。图26-9为创意作品制作的程序，要合理分配各阶段的时间，按时完成任务。

确定创意 → 编写程序 → 软硬件调试 → 结构造型

图26-9　创意作品制作程序

③反复调试。作品基本完成后，要反复进行调试。图26-10为某省级竞赛现场选手合作进行作品调试的场景。

图26-10　小组成员合作调试作品

通过多次测试可发现问题，反复修改程序，能使作品更完善，保证在答辩时稳定正常地展示。

（5）提交作品。

现场制作完成后，要将作品提交给组委会。提交的内容为：

①实物作品。

②创作说明文档。包含创作意图、作品多角度照片、功能说明、结构搭建过程、电路搭建过程、程序代码等。

③汇报PPT。包含封面、作品名称、创作意图、功能说明、电路搭建图、程序代码、小组分工与合作、收获与反思等。

④演示视频。视频不超过5分钟，包含封面、作品名称、成员组成作品介绍与演示等。

（6）团队展示和答辩。

这是现场制作的最后一个环节，所有参赛选手及家长、辅导教师都可观摩。每个小组依次上台通过多种形式向专家评委和其他选手展示作品，并回答专家评委提出的问题，一般时间限定为5～8分钟。图26-11为全国竞赛活动团队展示和答辩现场。

图26-11　展示和答辩现场

展示和答辩前，团队成员也要做好准备，如谁主讲、谁展示作品，甚至评审专家可能会提什么问题都要想一想，最好在家长和辅导教师的指导下进行彩排，保证答辩时万无一失。

从以上的参赛过程中我们可以看到，参加创客竞赛，就是一场学习知识、提高技能、提升创新能力的马拉松。获不获大奖不是那么重要，重要的是你经历过、见识过，外面世界的精彩也许就会成为你不断学习、提高素质的动力！

配套器材

序号	名称	规格	数量	图片
1	Arduino UNO板	原装Arduino UNO R3开发板，ATmega328P处理模块板，中文	1块	
2	杜邦线	公对公型、母对母型、公对母型	若干根	
3	LED（发光二极管）	红、绿、黄色	9个（各3个）	
4	面包板	400孔面包板，8.5cm×5.5cm，可组合拼接实验板	1块	
5	定值电阻	200Ω	10个	
6	按钮开关	红、绿、蓝色	3个（各1个）	
7	倾斜开关	滚珠开关	1个	
8	电位器	1000Ω单联电位器	1个	

续表

序号	名称	规格	数量	图片
9	130型电动机	带软扇叶片	1个	
10	超声波传感器	HC-SR04超声波模块	1个	
11	声音传感器	有数字和模拟输出两个针脚	1个	
12	光敏传感器	有数字和模拟输出两个针脚	1个	
13	无源蜂鸣器	9mm×5mm无源蜂鸣器，3V、5V通用，间距4.0mm	1个	
14	IIC LCD1602液晶显示屏	含液晶屏，IIC（I^2C）总线接口	1个	
15	L298N电机驱动器	红板，2路的H桥驱动	1个	
16	LM35DZ温度传感器		1个	
17	9g舵机	大扭力9克舵机，带舵角	1套	

续表

序号	名称	规格	数量	图片
18	2WD1622两轮智能小车套装	含车架、车轮、电动机等	1套	
19	红外遥控器套件	由红外遥控器和红外接收头组成	1套	
20	灰度传感器	能输出数字信号	2个	
21	电池盒	带开关带线DC插头，能装4节1.5V AA普通5号电池	1个	
22	OBLOQ物联网模块	DFRobot出品	1个	
23	4PIN线	DFRobot出品	1根	
24	OLED液晶显示屏	IIC 12864OLED液晶屏模块	1个	

注：在各电商平台上很容易买到以上器材，更多资料可参考DF创客社区，网址http://mc.dfrobot.com.cn。